DOCUMENTS

POUR

L'HISTOIRE DES TERRAINS TERTIAIRES.

PAR

CONSTANT PRÉVOST.

LES
CONTINENTS ACTUELS

ONT-ILS ÉTÉ, A PLUSIEURS REPRISES,

SUBMERGÉS PAR LA MER ?

DISSERTATION GÉOLOGIQUE

lue à l'Académie royale des Sciences, dans les séances
des 18 juin et 2 juillet 1827 *.

> Qui cherche à s'instruire, doit savoir douter.
> (ARISTOTE, *Métaphysique.*)

EXPOSITION DU SUJET ET PLAN DU TRAVAIL.

C'est une opinion adoptée par un grand nombre de
personnes et que l'autorité de savants célèbres a, pour
ainsi dire, rendu vulgaire, que les pays aujourd'hui habités et qu'une dernière retraite des mers aurait mis à

---

* Cette première dissertation, ayant été rédigée dans le but spécial de
combattre le système des irruptions itératives des mers sur les continents actuels, plusieurs opinions relatives à la théorie des formations de sédiment en
général ont été seulement énoncées, parce qu'elles devaient être développées
dans les parties suivantes.

C'est pour cette raison, qu'en publiant le texte tel qu'il avait été soumis
au jugement de l'Académie des Sciences, il devint nécessaire d'y joindre un
grand nombre de notes; ces notes qui avaient d'abord été rejetées à la fin du
mémoire, ont été intercalées ici, dans le texte même; mais pour conserver la

sec, avaient déjà été habités auparavant, sinon par des hommes, au moins par plusieurs générations différentes d'animaux terrestres ; beaucoup de géologues regardent même comme notamment démontré par les faits, que le sol qui maintenant porte et environne Paris, a subi jusqu'à deux et trois irruptions de la mer*.

« Et pour ce qui regarde particulièrement le sol que la mer a laissé libre
» dans sa dernière retraite, celui que l'homme et les animaux terrestres
» habitent maintenant, il avait déjà été *desséché* une fois, et avait nourri
» alors des quadrupèdes, des oiseaux, des plantes et des productions
» terrestres de tous les genres ; la mer qui l'a quitté l'avait donc aupara-
» vant envahi. Les changemens dans la hauteur des eaux, n'ont donc pas
» consisté seulement dans une retraite plus ou moins graduelle, plus ou
» moins générale ; il s'est fait diverses irruptions et retraites successives,
» dont le résultat définitif a été cependant une diminution universelle du
» niveau.

» Mais ce qu'il est aussi bien important de remarquer, ces irruptions,
» ces retraites répétées, n'ont point toutes été lentes, ne se sont point
» toutes faites par degrés..... » (**G. Cuv.**, *Disc.* in-4, p. 8 ; éd. -in8,
p. 15 et 16.)

- *Idem*, p. 135 in-4, et in-8° p. 283. « Mais ces pays aujourd'hui ha-
» bités et que la dernière révolution a mis à sec, avaient été habités aupa-
» ravant, sinon par des hommes, du moins par des animaux terrestres,
» par conséquent une révolution précédente, au moins, les avait mis sous

---

première rédaction et ne pas interrompre la série des idées principales, les ad-ditions ont été imprimées en caractères plus fins, de manière à ce que dans une première lecture elles puissent être facilement passées.

* Les principaux ouvrages cités dans le Mémoire et dans les notes sont :
1°. Recherches sur les ossemens fossiles de quadrupèdes, par M. le baron G. Cuvier ; nouvelle édition, 1821. G. Cuv., *Rech. sur les oss. foss.*
2°. Le discours préliminaire de la même édition. G. Cuv., *Disc.* in-4°.
3°. Discours sur les révolutions de la surface du globe, par M. le baron G. Cuvier ; 3ᵉ édition française, 1825. C'est la réimpression et la publication à part, sous un autre format, du Discours préliminaire ci-dessus. G. Cuv., *Disc.* in-8.
4°. Description géologique des environs de Paris, par MM. G. Cuvier et Alex. Brongniart. 1 vol. in-4°, publié sous ce titre en 1822, et formant le tome second, 2ᵉ partie, du grand ouvrage de M. Cuvier sur les ossemens fos-siles. Cuv. et Brong., *Descr. géol. des env. de Paris.*

» les eaux, et si l'on peut en juger par les différents ordres d'animaux dont
» on y trouve les dépouilles, ils avaient peut-être subi jusqu'à deux ou trois
» irruptions de la mer. »

Idem, p. 289, in-8. « Entre ce diluvium et la craie, sont les terrains
» alternativement remplis des produits de l'eau douce et de l'eau salée, qui
» marquent les irruptions et les retraites de la mer, auxquelles, depuis la
» déposition de la craie, cette partie du globe (les environs de Paris) a été
» sujette..... »

L'histoire de ces alternatives a été proposée par l'auteur du *Discours sur les révolutions de la surface du globe* comme le problême géologique le plus important à résoudre et aussi comme celui qui présente les plus grandes difficultés.

« Ce sont ces alternatives qui me paraissent maintenant le problème géo-
» logique le plus important à résoudre, ou plutôt à bien définir, à bien
» circonscrire; car, pour le résoudre en entier, il faudrait découvrir la cause
» de ces événements, entreprise d'une toute autre difficulté. » (G. Cuv.,
Disc., in-4, p. 135; éd. in-8, p. 284.)

Avant que de répondre à cet appel fait aux observateurs, par l'un des savants dont les immenses travaux ont, sans contredit, le plus contribué aux progrès de l'histoire positive du globe terrestre; avant que de tenter la solution du problême proposé, il était naturel d'examiner d'abord si les vues géologiques nouvelles que ses recherches sur les animaux fossiles avaient suggérées à l'illustre anatomiste, étaient bien les seules conséquences que l'on pût tirer des faits qui leur avaient servi de base, et si, en un mot, il ne serait pas possible de rendre compte des mêmes faits sans admettre que par des retraites et des retours itératifs des mers, un même point de la surface du globe aurait été alternativement mis à sec et submergé.

Depuis long-temps indécis sur ce point sans avoir trouvé cependant ni dans la nature ni dans mon esprit autre chose que des motifs vagues de douter, je n'ai négligé pendant plus de quinze années aucune occasion, soit de lever, soit d'augmenter mes doutes, et ce sont ces derniers devenus plus forts par suite de nombreuses observations que, dans l'intérêt de la science, je me hasarde de proposer, reconnaissant toutefois que les idées que je mets en avant ne peuvent être reçues encore que comme des conjectures probables opposées à d'autres conjectures plus difficiles à admettre, les premières étant en harmonie avec les phénomènes qui se passent sous nos yeux, tandis que les autres sont contraires à l'ordre actuel des choses.

Mon opposition à un système qui tend aujourd'hui à dominer, n'est pas, comme je viens de le dire, le fruit d'une inspiration subite, née de méditations inactives; elle est le résultat de recherches spéciales sur la formation des terrains de sédiment dont l'histoire générale n'a pas cessé de m'occuper depuis plusieurs années; fondée en partie sur des observations que M. Desmarest et moi nous avons publiées dès 1809. Mon opinion s'est trouvée confirmée par tout ce que j'ai eu l'occasion de voir, non-seulement dans mes excursions aux environs de Paris, mais encore pendant mes voyages en France, en Allemagne et en Angleterre.

' Voici la conclusion de ce premier Mémoire publié il y a dix - huit ans (*Journal des Mines*, vol. 25, pag 215): « Si la présence de quelques »‿fossiles, semblables à nos coquilles vivantes, suffit pour faire regarder » (suivant MM. Cuvier et Brongniart) la première ou haute masse gypseuse, » et les premiers lits de marne qui la recouvrent comme ayant été déposés » dans l'eau douce ; l'existence d'une grande quantité d'espèces bien re- »‿connues pour marines dans la troisième ou basse masse, peut faire penser, » avec autant de raison, que cette masse a été déposée dans les eaux de la » mer, et qu'ainsi, contre l'opinion de Lamanon , le gypse a pu être tenu » en dissolution , et dans l'eau de mer et dans l'eau douce *. »

Conclusion adoptée en partie dans la deuxième édition de la *Description géologique des environs de Paris*, pag. 235, où , après avoir rapporté les faits que nous avions fait connaître, les auteurs disent : « On ne peut donc » douter que les premières couches de gypse n'aient été déposées dans un » liquide analogue à la mer, puisqu'il nourrissait les mêmes espèces d'ani- » maux. Cela n'infirme pas les conséquences qui résultent de l'observation

---

* Voir le Mémoire inséré ci-après : *Sur des empreintes de corps marins trouvés à Montmartre*, etc.

» des couches supérieures ; elles ont été déposées dans un liquide analogue
» à l'eau-douce , puisqu'il nourrissait les mêmes animaux. »

Cette concession qui, comme on le voit, complique beaucoup l'hypothèse
des allées et venues des mers , ne paraît pas avoir été prise en considération
dans les autres parties du même ouvrage , et notamment dans l'exposition
générale du système des irruptions mariees sur le sol parisien. (Pag. 56 ,
Descr. géol. des env. de Paris.)

Je crois avoir vu et revisé tous les faits qui ont servi de
base au système auquel je m'oppose ; bien plus , je possède
un grand nombre d'autres faits qui sont le fruit de mes recherches , et je puis , par ces motifs , avoir quelque confiance dans les idées qui sont nées de la réunion et de la
comparaison de si nombreux renseignements.

Sentant néanmoins le désavantage de ma position , con-
naissant tout le poids des opinions que je suis conduit à
discuter , je dois, pour obtenir l'attention des personnes
prévenues , et pour parvenir , si ce n'est à convaincre , du
moins à inspirer des doutes , ne négliger aucun moyen de
procéder avec méthode dans cette sorte de dissertation
scientifique ; en conséquence, croyant devoir avancer avec
mesure et lenteur , et pour être mieux suivi dans ma marche , je diviserai mon travail en plusieurs points distincts.

Dans la *première Partie*, qui fait seule le sujet du présent mémoire , je rechercherai si des faits positifs démontrent qu'en quelques points des continents actuels, des
dépôts renfermant des fossiles marins et formés lentement sous la mer, recouvrent évidemment un sol sur
lequel des plantes et des animaux terrestres auraient laissé
des traces de leur habitation.

Dans la *seconde Partie ,* j'examinerai quelles sont les
diverses conditions relatives à la formation de celles des
couches de la terre qui ont évidemment été déposées dans
le sein des eaux.

J'essaierai, dans la *troisième Partie ,* de faire apprécier
à leur juste valeur, les renseignements précieux , mais
quelquefois trompeurs , que peuvent fournir les fossiles

au géologue, pour l'aider à expliquer les révolutions de la surface du globe, selon qu'il se bornera à la détermination spécifique des corps enfouis, ou qu'il tiendra compte de leurs diverses manières d'être au milieu des sédimens qui les enveloppent.

Enfin, dans la *quatrième Partie*, après avoir fait ressortir les conséquences qui me paraîtront pouvoir découler de ces divers ordres de considérations, j'exposerai la série des motifs sur lesquels se fondent mes opinions particulières, pour essayer en définitive de démontrer que la formation des terrains tertiaires en général, et que celle en particulier des terrains des environs de Paris peut se concevoir facilement sans qu'il soit nécessaire d'admettre plusieurs irruptions de la mer sur le même sol, puisque, à mon avis, chacun des faits bien observé, s'oppose isolément à cette supposition, et qu'en même temps leur ensemble tendrait à faire croire, au contraire, que la contrée que nous habitons n'avait jamais cessé d'être submergée par les eaux, jusqu'au moment où celles-ci, se retirant pour la première fois, l'ont laissée à sec et à la disposition des végétaux et des êtres terrestres, dont la suite des générations l'ont peuplée sans interruption, depuis cette époque jusqu'à nous.

Dans cette étude des terrains le plus récemment formés, il m'a semblé toujours possible de faire avec succès l'application de l'analyse la plus rigoureuse, et de marcher par voie d'analogie en procédant toujours du connu à l'inconnu, passant de l'examen des causes qui agissent maintenant à la surface de la terre et à celui des effets actuellement produits, à la recherche des effets et des causes qui se sont succédés dans les âges écoulés. Je n'ai été arrêté nulle part dans cette tentative de lier le passé au présent, par ce que l'on appelle *une limite tranchée entre la nature ancienne et la nature actuelle;* partout, au contraire, j'ai cru apercevoir des nuances, des passages, et je n'ai pu me convaincre qu'il serait superflu de chercher

dans l'ordre présent des choses, l'explication des phénomènes qui ont eu lieu sur la terre dans les temps reculés ;
mon expérience s'est refusée à penser « que le fil des opé-
» rations est rompu, que la marche de la nature est chan-
» gée, et qu'aucun des agens qu'elle emploie aujourd'hui
» ne lui aurait suffi pour produire ses anciens ouvrages. »
(*G. Cuv.*, *Disc.* in-8° p. 28.)

D'un autre côté, en feuilletant les archives de l'histoire
terrestre, j'ai bien vu notés des événements nombreux,
gigantesques ; j'ai reconnu les traces de révolutions et de
bouleversements sans nombre ; mais il m'a semblé que
toutes ces marques d'agitations et de troubles, bien importantes pour les hommes sans doute, avaient à peine
effleuré la mince épiderme qui revêt la terre ; qu'au-delà
et en-deçà tout paraissait être resté calme et immuable,
et qu'ainsi il était au moins prudent de s'abstenir de toute
explication, plutôt que d'assigner à des effets aussi limités, des causes qui ne sauraient exister que par des in-
fractions aux lois générales qui régissent l'Univers. *

---

* Ces dernières phrases répondaient par l'avance aux reproches qui, cependant m'ont été fréquemment adressés depuis la publication de mon mémoire,
de vouloir expliquer tous les phénomènes géologiques par des causes lentes,
semblables à celles qui agissent sans cesse autour de nous : de ce que j'ai cru
pouvoir dire « *Qu'autour de nous, soit sur la terre, soit sous les eaux, soit*
« *au sein et dans le voisinage des volcans, il se produit des phénomènes*
« *dont les causes ne diffèrent pas essentiellement de celles qui dans les temps*
« *plus ou moins éloignés ont successivement donné lieu aux divers états*
« *géologiques du globe.* » (Bulletin de la Soc. ph., juin 1825). Il ne s'en
suit pas que je me sois refusé à croire à des événements qui auraient été les
effets de causes insolites plus ou moins brusques ou violentes ; mais ce que je
n'ai pas confondu, ce sont des causes et des effets extraordinaires *possibles*
avec des causes et des effets qui, pour être admis, exigeraient un renversement
des lois générales de la physique.

PREMIÈRE PARTIE.

DES DÉPOTS FORMÉS PAR LA MER NE RECOUVRENT PAS UN SOL PRÉCÉDEMMENT HABITÉ.

CONSÉQUENCES DE L'ÉTUDE DES FOSSILES.

Laissant ici de côté les longues et trop vives discussions qui long-temps ont partagé les géologues en *neptuniens* et en *vulcanistes*, suivant que, s'attachant presque servilement à telle ou telle école, à tel ou tel maître, ils attribuaient, soit à l'eau, soit au feu, l'origine présumée de quelques-uns des matériaux dont se compose l'écorce terrestre ; il suffit de rappeler qu'à l'époque plus philosophique où nous sommes arrivés, et où le langage de la raison et de la vérité est accueilli par tous, quelle que soit la bouche qui le fait entendre, il ne reste aucun doute pour personne sur le mode de formation des couches pierreuses qui renferment dans leur sein des débris de corps organisés qui n'ont pu vivre que libres dans les eaux ou sur la terre. En effet, si l'analogie, l'expérience et le raisonnement paraissent conduire, d'une part, à faire croire que le feu ou mieux le calorique a joué un rôle important dans la production de la plupart des roches cristallisées hétérogènes de toutes les époques ; d'un autre côté, l'analogie et l'observation démontrent mieux encore, que les roches de sédiment qui enveloppent des fossiles n'ont pu être produites que sous un liquide qui tenait en suspension ou en dissolution les élémens dont ces roches se composent.

De cette dernière démonstration il a fallu conclure,

comme en étant une conséquence rigoureuse, qu'à une époque quelconque, la plupart des parties de la terre, aujourd'hui découvertes et à sec, avaient été antérieurement sous les eaux ; et pour simplifier ici le problème, en faisant abstraction de toutes les causes particulières et locales qui ont pu déplacer, soulever ou abaisser certaines couches depuis qu'elles ont été formées, il parut au moins évident pour celles de ces couches qui ne portent aucune marque de dérangement, qu'elles n'avaient pu être mises à sec que par le déplacement ou la retraite des eaux qui les avaient formées.

Ainsi, tant que les géologues se bornèrent à ne considérer les fossiles que d'une manière générale et seulement comme les restes des habitants de l'ancienne mer, les phénomènes géologiques que présente le sol des continents actuels leur sembla facile à expliquer par la supposition d'un abaissement rapide ou gradué dans le niveau de la masse des eaux ; mais lorsqu'un examen minutieux de ces mêmes fossiles permit de comparer exactement les êtres qui ont laissé leurs dépouilles dans le sein de la terre, avec les plantes et les animaux qui vivent aujourd'hui à sa surface, une ère nouvelle commença pour la géologie positive ; les renseignements précieux fournis par les zoologistes rendirent nécessaires de nouvelles recherches, et conduisirent à de nouvelles explications des phénomènes mieux observés.

Non-seulement on apprit que, parmi les fossiles, la plupart révélaient l'existence d'êtres entièrement inconnus, ou plus ou moins différents de ceux qui croissent et se propagent autour de nous, mais on fut conduit à distinguer parmi les vestiges enfouis, ceux qui avaient appartenu à des plantes ou à des animaux qui, d'après leur organisation, avaient dû vivre sur la terre ou dans les eaux ; et, parmi ces derniers, on apprit à ne plus confondre ceux qui, selon toutes les probabilités, avaient eu pour séjour habituel des eaux salées, avec ceux qui

avaient peuplé les eaux douces. Quelques observateurs
avaient bien fait remarquer déjà que, parmi les couches
pierreuses, certaines renfermaient exclusivement des coquilles semblables à celles des Mollusques de nos lacs et
de nos rivières ; mais aucun n'avait insisté sur l'importance dont cette distinction pouvait être pour l'histoire
ancienne de la terre, et la généralité du fait n'avait pas
été observée :

C'est véritablement à un géologue français que l'on doit la
séparation des formations marines et des formations d'eau
douce ; et si, lors de la publication du travail classique de
M. Brongniart sur ce sujet *, tous les observateurs n'en
ont pas bien compris le but philosophique; si, depuis, tous
n'ont pas senti, comme l'avait fait l'auteur, le danger d'attacher trop d'importance géologique aux caractères purement minéralogiques et zoologiques de la nouvelle classe de
roches qu'il avait pour objet de signaler ; si quelques-uns
n'ont pas vu enfin l'absolue nécessité de ne pas confondre
les dépôts incontestablement lacustres avec les accumulations beaucoup plus abondantes de sédiments et de débris d'animaux terrestres et d'eau douce chariés par les
fleuves dans le bassin des mers, il est certain que les aper-
çus nouveaux, présentés alors dans le Mémoire que nous
venons de citer, ont puissamment contribué aux progrès
de la géologie moderne, en rappelant l'attention générale
sur l'examen des dernières couches de l'enveloppe terrestre jusque-là si négligées, et pour lesquelles les belles
observations et les écrits de Deluc n'avaient pu inspirer
qu'un intérêt stérile.

En comparant entre eux, comme *roches* isolées, les différents matériaux
dont se composent les couches de la terre, et en n'ayant égard pour leur
arrangement méthodique dans les collections qu'aux caractères minéralogiques et zoologiques qu'ils présentent, la distribution dans deux classes dis-

* Sur les terrains qui paraissent avoir été formés sous l'eau douce, par M.
Alex. Brongniart. *Annales du Muséum*, juillet 1810, tom. XV, p. 357.

tinctes : 1° de ceux qui contiennent exclusivement des fossiles marins, et 2° de ceux qui ne renferment que des fossiles d'eau douce, est conséquente avec certains principes généraux des classifications artificielles. Il faudrait peut-être ajouter une classe intermédiaire mixte, pour recevoir toutes les roches, non moins abondantes dans la nature, qui offrent des mélanges de mollusques marins et d'eau douce, de végétaux et d'animaux terrestres, etc., et dont les caractères minéralogiques ne sont exclusivement ni ceux des sédiments lacustres proprement dits, ni ceux des dépôts essentiellement marins, tels que *les argiles, les sables, les marnes, les silex,* certains *calcaires compactes,* ainsi que les roches dont la pâte est un amalgame évident de sédiments différents, précipités en même temps par des eaux de nature diverse, confondues dans un même bassin ; comme le *calcaire de Sergy,* le *gypse de la Hutte-au-Garde.* (Voyez les Mémoires ci-après.)

Dans une classification naturelle ou géologique des roches, il devient plus difficile de bien définir ce que l'on doit entendre par formations marines et formations d'eau douce, et surtout de tracer une limite entre ces deux groupes; en effet, on commence à être généralement convaincu aujourd'hui que sans une grande attention, et s'il ne tient point compte d'une multitude de circonstances accessoires et locales dont aucune n'est à négliger sur le terrain, l'observateur qui le parcourt rapidement ou qui s'en rapporte aux échantillons qu'il collecte à la hâte, peut être induit dans de graves erreurs, s'il veut voir dans les seuls caractères zoologiques des roches, l'indication du mode de leur formation.

Ainsi, de même que dans les formations marines, il est essentiel de distinguer les matières qui sont à la place où elles ont été d'abord formées et qui renferment les débris des êtres qui vivaient dans les eaux mêmes auxquelles est dû le sédiment, de celles qui ont été déplacées, transportées, remaniées, soit par la mer elle-même, soit par des eaux douces violemment agitées dans plusieurs cas ; à plus forte raison, il ne faut pas confondre les sédiments déposés tranquillement dans des lacs, tels que les calcaires marneux qui occupent les bassins élevés de l'Auvergne, et les meulières des environs de Paris, les marnes compactes remplies de *chara* des lacs d'Écosse, avec les accumulations produites par des débâcles passagères à des époques différentes (les brèches osseuses, beaucoup de cavernes à ossements, les diluvium), et surtout avec les alluvions et attérissements déposés par les eaux des fleuves, soit sur leurs rives, soit à leur embouchure, soit enfin sur le fond plus ou moins éloigné de la mer, tels que sont presque tous *les terrains de houille et de lignite,* la plupart *des couches argileuses* qui supportent le calcaire oolitique, ou le partagent en plusieurs systèmes dans quelques localités, *le lias, l'argile d'Oxfort, celle du cap La Hève, le calcaire de Purbeck* (Purbeck stone), *les sables ferrugineux et les argiles de Weald* (Hasting's ou Iron sand, et Weald clay), *les argiles plastiques, le gypse à ossements et les marnes, argiles et sables à lignite* qui le précèdent, l'ac-

compagnent, le surmontent et le plus souvent le remplacent, et par conséquent certains *gîtes dans la mollasse.*

Ce n'est pas ici le lieu de développer les raisons qui m'ont conduit à
adopter cette opinion ; je me contenterai de prévenir par de simples observations celle des objections que j'ai le plus souvent entendu faire contre
cette manière de voir, savoir : que l'intégrité des coquilles délicates et leur
parfaite conservation, l'état des ossements fragiles, qui ne portent aucune
marque de frottement ni d'usure, ne permettent pas de supposer le dépla-
ment, le transport de ces corps qui, dit-on, n'auraient pu être ainsi portes
hors du lieu de l'habitation ordinaire des animaux dont ils sont les débris
sans avoir été altérés et arrondis..... A ces diverses objections on peut répondre par des faits :

1° Dans les dépôts de coquilles marines (Grignon, Courtagnon, Beau-
champ, etc.), d'où les collecteurs tirent avec tant de soins les coquilles
entières qui font l'ornement de leurs cabinets, combien de coquilles brisées,
triturées, dont les débris et la poussière enveloppent les premières, et dans
ces mêmes dépôts, les cyclostomes, les lymnées, qui s'y rencontrent n'y
sont-ils pas aussi bien conservés que certaines coquilles marines, et comme
leurs animaux n'ont pas vécu dans les mêmes eaux, il a bien fallu nécessairement que les unes ou les autres aient été apportées !

2° Qui n'a vu les plages sablonneuses couvertes dans certaines saisons ou
après un coup de mer, d'amas de coquilles minces et cependant entières
(*Anomie, Pandore, Telline, Cardium, Spirule*), de test d'oursins, d'os
intérieurs de sèches, enlevés par les vagues du lieu de l'habitation de leurs
animaux depuis long-temps morts, et apportés par elles sans que ces parties
aient été endommagées ?

3° Les Cyclostomes, les Hélices, les ossements de mammifères et d'oiseaux, qui abondent dans les calcaires d'Orléans, dans ceux de Mayence,
dans le gypse tertiaire et ses marnes ; etc. Les feuilles de fougères et autres
plantes terrestres si bien conservées dans les dépôts de houille, semblent-ils
avoir été roulés, et cependant peuvent-ils se trouver enveloppés dans des
sédiments que les eaux *douces* ou *marines*, ont nécessairement formés, sans
que ces corps aient été enlevés à la terre sur laquelle ils avaient vécu, et par
conséquent sans qu'ils aient été transportés par le liquide qui les a recouverts
de sédiments ?

Quelques personnes, en me donnant raison sur ce point, pour tous les cas
où le mélange est évident, persisteront à nier la possibilité d'un dépôt purement d'eau douce (zoologiquement parlant), dans le bassin des mers. Je
leur ferai observer d'abord combien sont rares, sur une grande étendue,
les sédiments caractérisés par des animaux des eaux douces, sans que l'on
ne voie sous le même horizon des mélanges avec des productions marines,
dans quelque couche tellement liée à la formation principale qu'on ne peut
l'en séparer géologiquement en faisant intervenir une révolution, incom-

préhensible dans ses effets autant que dans ses causes, qui aurait subitement changé la nature des eaux, donné naissance à de nouveaux êtres, anéanti ceux qui existaient précédemment, tout en laissant souvent subsister les caractères minéralogiques des gangues. L'argile plastique des environs de Paris n'est-elle pas pour nous une formation d'eau douce dans le langage maintenant reçu, tandis que le *plastic clay* des environs de Londres serait une formation marine dans le même langage pour les géologues anglais?

En second lieu, je rappellerai la distance à laquelle les navigateurs rapportent que les eaux douces peuvent parvenir dans l'Océan, sans se mêler à l'embouchure des grands fleuves rapides, et je demanderai s'il serait déraisonnable de concevoir que l'afflux d'un liquide étranger et, pour ainsi dire, délétère, l'abondance des troubles qu'il apporte et dépose, l'agitation continuelle et profonde qu'il produit en s'écoulant dans les abîmes marins, soient des motifs suffisants pour empêcher les animaux sédentaires des eaux salées de s'établir, de se propager dans des lieux qui sont pour eux des déserts inhabitables, et quant à ceux de ces animaux, plus alertes, qui les traversent par hasard, ou qui viennent même y chercher leur proie, doués d'organes de locomotion, ils échappent trop facilement aux causes qui pourraient les faire périr loin de leur lieu natal, pour que leurs dépouilles puissent se trouver souvent confondues avec celles des êtres que les fleuves entraînent vivants et le plus souvent après leur mort.

Si le mélange de fossiles marins et d'eau douce dans les mêmes couches, annonçait toujours les points où se faisaient les mélanges des eaux de nature diverse, la présence exclusive d'animaux fluviatiles dans des couches *inférieures* par leur position géognostique à des dépôts marins, pourrait servir à tracer dans le bassin des anciennes mers les espaces en-deçà desquels les eaux continentales n'avaient pas encore perdu leurs propriétés particulières.

Je ne puis négliger d'appuyer une partie des raisonnements que je viens de faire, de l'autorité de M. Brongniart lui-même, qui depuis la publication de son premier Mémoire sur les terrains d'eau douce, s'est exprimé clairement dans la dernière édition de la *Description géologique des environs de Paris*, sur la nécessité de distinguer deux sortes de terrains formés par l'action des eaux non salées.

Après avoir fait remarquer la grande différence que présente le travertin, par exemple, et le calcaire fissile d'OEningen (pag. 319 de l'ouvrage cité): il ajoute: « Nous aurons deux sortes de terrains d'eau douce, très différents » par leur origine, et reconnaissables par des caractères extérieurs qui indi- » quent cette différence d'origine; les uns de dissolution et de précipitation » plus ou moins pure et cristalline sont sortis de l'intérieur de la terre avec » les eaux qui les ont transportés à la surface du sol; ils peuvent, d'après » cette théorie, s'être formés à toutes les élévations où de semblables eaux

» ont pu se faire jour, et la hauteur où ils se trouvent n'est pas toujours
» une preuve de celle à laquelle les eaux douces ont pu être élevées; ce sont
» les plus répandus, ce sont ceux des environs de Paris, du Locle, de l'Ita-
» lie, etc.; ils sont rarement mélangés de corps d'origine marine. »

Je suppose que, pour les environs de Paris, il ne faut comprendre, dans
cette énumération, que les dépôts du calcaire siliceux de Champigny, du
calcaire de Château-Landon, etc., et peut-être celui des meulières et du
calcaire équivalent dont nos collines sont couronnées. Quant au calcaire
siliceux en particulier, tout en lui attribuant cette origine, rien n'empêcherait qu'il eût été déposé sous la mer, par des eaux minérales jaillissant de
son fond, puisque l'on a de nombreux exemples de l'existence de sources
dans l'Océan actuel, rapportés par tous les navigateurs. (Voyez *Marsilli*,
Histoire physique de la mer; *Spallanzani*, Journal de physique,
juillet 1786; *de Humboldt*, Tableaux de la nature, tom. I, pag. 235, et
l'article *Océan*, que j'ai rédigé pour le *Dictionnaire des Sciences naturelles*, vol. XXXV.)

« Les autres (terrains d'eau douce, continue M. Brongniart), de struc-
» ture grossière, résultant, pour ainsi dire, de la désagrégation et du *lavage
» de la surface du sol*, se sont formés par voie de sédiment au fond des
» eaux tranquilles, dans lesquelles ils ont été amenés. Ils sont beaucoup
» moins répandus, moins purs, et peuvent renfermer des débris de corps
» marins, c'est le terrain d'OEningen, c'est une partie de la Limagne d'Au-
» vergne, c'est probablement celui des argiles plastiques et des lignites.
» C'est enfin à cette classe qu'appartiennent les lits de terrain d'eau douce,
» qu'on observe dans les psammites mollasses de la Suisse. »

J'ajouterai seulement ici les argiles et lignites de Bagneux, les marnes
inférieures et supérieures au gypse avec le gypse lui-même, ainsi que les
terrains d'eau douce de l'île de Wight, si bien décrits par le savant secré-
taire de la Société géologique de Londres, Th. Webster, dans les *Transactions géologiques* de cette Société, et je ferai l'observation favorable
aux idées que j'ai embrassées, que *ce lavage de la surface du sol* a pu
tout aussi bien être *amené* dans un bassin marin que dans un bassin d'eau
douce.

C'est alors que chacun s'aperçut de l'indispensable
nécessité d'étudier les corps organisés fossiles avec plus
de soin qu'on ne l'avait fait jusque-là en les comparant
aux êtres qui vivent autour de nous, et que les bons
esprits entrevirent qu'il ne serait permis aux hommes de
se diriger dans l'obscurité de l'histoire des premiers âges
de la terre, que lorsqu'ils seraient parvenus à déchiffrer

les caractères encore ineffacés que conservent quelques-
uns des derniers feuillets de ses archives historiques.

Lorsque l'on considère les résultats en apparence inattendus, auxquels
les géologues de tous les pays sont déjà arrivés en suivant, presque d'un
commun accord, depuis le nouveau siècle, la seule route rationnelle et philosophique tracée et suivie par les Bacon et les Newton, peut-on lire sans
admiration, et surtout sans un profond attendrissement, ces dernières lignes
prophétiques du grand naturaliste français, dont le génie semble planer sur
la tête des savans du monde entier pour éclairer les pas de cette postérité
reconnaissante qu'il invoque, et qui fait un si digne usage des leçons et des
chefs-d'œuvre qu'il lui a laissés pour héritage !

« C'est surtout dans les coquillages et les poissons, premiers habitants du
» globe, que l'on peut compter un plus grand nombre d'espèces qui ne
» subsistent plus; nous n'entreprendrons pas d'en donner ici l'énumération
» qui, quoique longue, serait incomplète ; ce travail sur la vieille nature
» exigerait seul plus de temps qu'il ne m'en reste à vivre, et je ne puis que
» le recommander à la postérité ; elle doit rechercher ces anciens titres de
» noblesse de la nature, avec d'autant plus de soin qu'on sera plus éloigné
» du temps de son origine. En les rassemblant et les comparant attentive-
» ment, on la verra plus grande et plus forte dans son printemps qu'elle ne
» l'a été dans les âges subséquents; en suivant ses dégradations, on reconnaîtra
» les pertes qu'elle a faites, et l'on pourra déterminer encore quelques épo-
» ques dans la succession des existences qui nous ont précédés. » (Buffon,
Histoire naturelle des Minéraux, chap. Pétrifications et Fossiles, tom. IX,
p. 33, édit. Baudouin. Paris, 1827.)

ALTERNANCE DES FORMATIONS MARINES ET DES FORMATIONS D'EAU DOUCE.

La distinction des fossiles sous le rapport du milieu au
sein duquel avaient dû vivre les êtres dont ils avaient fait
partie, acquit toute sa célébrité lorsque MM. Cuvier et
Brongniart publièrent leur premier essai sur la géographie minéralogique des terrains des environs de Paris, et
les naturalistes de tous les pays ne furent pas moins étonnés du grand nombre de faits, jusqu'alors ignorés, qui
leurs furent révélés, que des conséquences extraordinaires qui parurent comme devoir impérieusement découler de ces faits; on vit avec surprise que, parmi le

petit nombre de dépôts successifs dont se compose le sol qui nous porte, les uns renferment presque exclusivement les restes d'êtres qui ont dû vivre dans la mer, tandis que les plantes et les animaux, dont les autres ont conservé les vestiges, sont analogues aux plantes et aux animaux qui habitent actuellement nos fleuves et nos étangs, ou à ceux qui existent sur la terre.

En effet, non-seulement cette différence se fait remarquer entre certaines couches, mais encore les dépôts qui paraissent par cette raison avoir une origine si différente, alternent plusieurs fois entre eux, de manière à indiquer l'action alternative sur un même point, des eaux salées et des eaux douces, et conduire ainsi à faire supposer l'abandon et l'envahissement plusieurs fois répétés du même sol par les eaux de la mer.

Entraînés par la nouveauté des faits qu'ils avaient observés, si les auteurs de la *Description géologique des environs de Paris* crurent ne pouvoir se refuser à admettre ces retraites et irruptions itératives des mers, ils donnèrent l'explication qu'ils en tirèrent plutôt comme une hypothèse probable que comme une vérité démontrée, plutôt comme l'expression des faits que comme le résultat d'une conviction intime. Mais, ainsi qu'il arrive presque toujours dans les sciences, ce que les maîtres proposent avec réserve, ce qu'ils abandonnent facilement, est accepté avec enthousiasme par les disciples et défendu par eux avec chaleur; un doute émis sans conséquence d'abord, devient comme un point de fait qu'il n'est plus permis de discuter, et des doctrines s'établissent, pour ainsi dire, à l'insu de ceux sur l'autorité desquels elles sont fondées, et elles subsistent long-temps encore, ces doctrines, que les premiers auteurs les ont eux-mêmes abandonnées.

On peut dire que telle a été la marche des idées à l'occasion des conséquences géologiques déduites de la distinction importante des formations marines et des formations d'eau douce; l'alternance de ces formations, sur une même ligne verticale, a fait regarder d'abord comme une probabilité, puis comme un fait irrécusable, que des eaux de nature différente s'étaient remplacées alternativement sur une même contrée, pour la couvrir successivement de dépôts particuliers. Prenant à la lettre des expressions figurées et employées sans doute pour faire ressortir toute l'importance des observations, on s'est représenté la mer qui couvrait nos continents comme s'abaissant de deux à trois cents mètres, revenant ensuite après un long-temps à son premier niveau, immergeant de cette manière jusqu'à trois et quatre fois des terres déjà mises à sec et couvertes de plantes et d'animaux terrestres.

« La craie (avaient dit en effet les auteurs de la *Descrip-* » *tion géologique des environs de Paris, nouvelle édition,* » *p.* 55), ayant été précipitée, ainsi que les fossiles qui » l'accompagnent, par une *première mer,* celle-ci *se re-* » *tire;* des eaux d'une autre nature, très probablement » analogue à celles de nos eaux douces, lui succèdent, et » toutes les cavités du sol marin se remplissent d'argile, » de débris de végétaux terrestres et de ceux des coquilles » qui vivent dans les eaux douces; mais bientôt *une autre* » *mer,* produisant de nouveaux habitants, nourrissant » une quantité prodigieuse de mollusques testacés, tous » différens de ceux de la craie, *revient* couvrir l'argile, » les lignites et leurs coquilles, et dépose sur ce fonds des » bancs puissants, composés en grande partie des envelop- » pes testacées de ces nouveaux mollusques.

L'existence de ce calcaire rempli de lymnées, formant un banc au milieu du calcaire grossier marin à *Sergy, Osny;* 2° le mélange dans quelques parties du même banc, du sédiment marin avec milliolites et cérites, et du sédiment compacte avec lymnées sur le même échantillon; 3° le même mélange à *Triel;* 4° celui des coquilles marines et d'eau douce, avec des os de palæothérium, à *Beauchamp;* 5° l'existence de l'argile avec lignite, planorbes, paludines, lymnées, au milieu des bancs du calcaire grossier marin à *Vaugirard* et à *Bagneux;* 6° celle d'un lit très mince de calcaire rempli exclusivement de lymnées et de planorbes, intercallé entre les divers bancs d'huîtres au sommet de *Montmartre,* au-dessus du gypse et inférieurement aux sables marins supérieurs, etc., etc., prouvent qu'au même niveau il se formait dans les mêmes lieux des dépôts d'eau douce eu même temps qu'il se déposait des sédiments marins....

» Peu à peu cette production de coquilles diminue et » cesse aussi tout-à-fait ; la mer *se retire,* et le sol se cou » vre de lacs d'eau douce.

L'existence d'une couche de marne de plus de trois pieds d'épaisseur, remplie uniquement d'empreintes de coquilles de mer, d'espèces nombreuses d'oursins, de crustacés, de débris de végétaux marins (amphitoïtes de Desmarest), etc., au-dessus de plusieurs bancs puissants (plus de 6 pieds) de pierre à plâtre ; 2° l'alternance sur les mêmes points (Hutte-au Garde au pied de Montmartre) de gypse saccaroïde et cristallisé, et du calcaire marneux avec cérites, cardium et autres testacés marins, prouvent avec la plupart des faits rapportés précédemment que, dans un même moment, les circonstances étaient telles dans le bassin parisien, qu'il pouvait s'y former des dépôts zoologiquement marins, et des dépôts gypseux attribués aux eaux lacustres et cela alternativement à de courts intervalles sans qu'il y ait changement dans la nature minéralogique des sédiments.. ..

» Il se forme des couches alternatives de gypse et de » marne, qui enveloppent et les débris des animaux que » nourrissaient ces lacs et les ossements de *ceux qui vi-* » *vaient sur leurs bords.*

Où seraient ces bords supposés, ces prairies submergées plus tard (comme on le dit) par la mer ? Et pourquoi les cadavres des grands mammifères terrestres ne seraient-ils qu'au centre du bassin, enveloppés de toutes parts dans un précipité cristallin, épais et formé, selon toute apparence, sous un liquide profond ; pourquoi plus souvent les restes de ces animaux, s'ils étaient tombés sur les bords du lac qu'ils fréquentaient, ne seraient-ils pas accompagnés de galets, de sables, de particules grossières et pesantes, et de vase, matériaux qui caractérisent les rivages ? Toutes les analogies indiquent, selon moi, que les cadavres des mammifères, des oiseaux, des poissons, des reptiles, le test des mollusques terrestres et fluviatiles, les fragments de bois de palmiers, fossiles caractéristiques de la formation gypseuse, ont été apportés et déposés dans un vaste golfe à l'embouchure d'un grand fleuve, par un courant continental qu'alimentaient les hautes régions, situées à l'est et sud-est de Paris. C'est près des sources de ce fleuve, sur son trajet, peut-être dans les lacs qu'il traversait (contrées qui alors constituaient les continents habités et que la mer n'a pas submergé depuis), que vivaient les races nombreuses dont quelques individus entraînés par hasard ont échappé journellement à l'anéantissement total de leur race, parce qu'ils se sont trouvés placés par cette circonstance rare, sous la seule condition qui a permis aux corps organisés de devenir fossiles, c'est-à-dire qu'ils ont été préservés du contact immédiat de l'air et même de l'eau, par un enfouissement dans des matériaux pierreux, imputrescibles, cristallins ou sédimenteux.

La réunion de tous les os d'un même animal, l'isolement des divers squelettes, l'intégrité des apophyses les plus délicates indiquent avec l'absence de gravier et de particules pesantes, que les cadavres revêtus de leur chair et de leur peau ont flotté sur le fleuve, peu de temps après la mort, lorsqu'ils étaient tuméfiés par les gaz produits par leur première décomposition, exemple que nous offrent chaque jour toutes les rivières, à la surface desquelles les coquilles légères des hélices, des vivipares, des planorbes, des physes, des lymnées, etc., sont portées sans être brisées, comme le sont également les fragments de divers bois et les cadavres des animaux vertébrés.

» *La mer revient encore*, elle *nourrit* d'abord quelques » espèces de coquilles bivalves et de coquilles turbinées. » Ces coquilles *disparaissent* et sont remplacées par des » huîtres.

Ces expressions figurées ne peuvent que tracer d'une manière plus vive le tableau d'une suite de faits géognostiques importants à bien constater dans une description locale, mais elles ne peuvent signifier que des races entières cessaient d'exister subitement, tandis que d'autres apparaissaient de même (comme beaucoup de personnes ont cru devoir l'entendre réellement). Cette série de dépôts marneux, argileux, calcaires et gypseux, offre tous les caractères de matières transportées périodiquement, d'une manière intermittente quelquefois, et à des intervalles plus ou moins longs; la différence que présentent les espèces fossiles dans des lits très minces et très étendus superposés (tellines, huitres, par exemple), annonce que celles-ci accumulées, réunies dans un point quelconque du bassin, ont pu être instantanément entraînées par une agitation insolite des eaux, et être répandues avec la substance du sédiment qui les enveloppe, de même que l'on voit tous les jours sur nos côtes une lame couvrir la plage d'une espèce de corps organisé, une autre lame recouvrir le lendemain ce premier dépôt d'une nappe de galets de dimension presque égale entre eux, nappe qui elle-même sera enfouie plus tard sous du sable fin ou sous de la vase, si quelque circonstance particulière fait changer la direction des courants producteurs et leur fournit des matériaux de nature différente.

Les gisements des fossiles, la manière dont ils se succèdent, ne peuvent donc indiquer en aucune manière, à mon avis au moins, que les races d'animaux qu'ils représentent se sont succédées dans l'ordre que l'on remarque dans la superposition relative de ces débris, et au surplus, comme on le verra ci-après, au-dessus de ces lits d'huîtres, au-dessus des marnes vertes (marines), on trouve encore dans plusieurs localités, et notamment dans l'escarpement de la nouvelle route qui descend de Montmorency à Soisy, un banc de gypse de plusieurs pieds d'épaisseur qui annonce clairement qu'après le dépôt des huîtres, les circonstances favorables à la précipitation du sulfate de chaux n'avaient pas entièrement cessé.

Je ne puis qu'ajouter une grande force aux considérations qui font l'objet de la présente note, en rapportant ici les principaux résultats auxquels un habile observateur semble être parvenu en étudiant les terrains tertiaires du midi de la France, et en faisant à leur histoire particulière l'application des phénomènes produits actuellement sur les bords de la Méditerranée de la même manière que j'ai essayé d'expliquer la formation des terrains parisiens par l'observation de ce qui se passe sous nos yeux dans le canal de la Manche; quoique anciens condisciples, l'éloignement et d'autres circonstances nous ont séparés depuis plus de quinze années, de sorte que sans nous être entendus, nous sommes arrivés à envisager des faits analogues de la même manière, puissant témoignage en faveur de la vérité, aussi l'invoquerai-je avec autant de confiance que de plaisir.

Dans l'intéressant Mémoire sur les terrains d'eau douce des environs de Cette, dont je n'ai eu connaissance que par l'extrait inséré récemment dans les *Annales des Sciences Naturelles*, août 1827, et lorsque la note ci-dessus était écrite, M. Marcel de Serres, après l'énoncé des faits qu'il veut expliquer (pag. 419), dit: « Comment se fait-il que des couches d'une même » formation, distantes seulement les unes des autres d'environ 400 toises » (780 mètres), soient caractérisées par des fossiles différens? On ne peut » se rendre raison d'un pareil phénomène qu'en se rappelant ce qui se » passe encore sur nos côtes. Lorsqu'on parcourt les plages à des époques » différentes, on remarque que les coquilles, comme les zoophytes et les » plantes marines rejetées sur le rivage par les mers, ne sont pas les mêmes » aux diverses époques de l'année. Ainsi, à une certaine époque, les céri- » thes, les cardium, les mactra, dominent le long des côtes et s'y trou- » vent presque exclusivement, tandis qu'à une autre, ces genres y sont » remplacés par les solens, les vénus et les donax, dont les espèces non- » seulement sont les plus abondantes, mais paraissent presque les seules que » la mer ait rejetées. »

» Il se passe ensuite un intervalle de temps pendant le- » quel il se dépose une grande masse de sable. On *doit* » *croire* ou *qu'il ne vivait alors* aucun corps organisé dans » cette mer, ou que leurs dépouilles *ont été complètement* » *détruites*, car on n'en voit aucun débris dans ce sable.

Ceia s'explique par des causes analogues à celles qui viennent d'être énon-cées ; les sables ont été apportés , ils ne renferment pas de coquilles , soit parce qu'il n'y en avait point dans le lieu où ils ont été pris , ou bien parce que tous les corps plus pesants que chacun de ces grains de sable très fin n'ayant pu aller aussi loin qu'eux, les coquilles se sont déposées plus près du point de départ des eaux, qui était peut-être éloigné ; de même que l'on voit (très en petit) après une pluie d'orage, un torrent chargé de matières de toute nature et dimension amalgamées d'abord, distribuer dans son cours, en premier lieu , le gravier pesant, puis le sable , puis le limon. Ne remarque-t-on pas sur une plus grande échelle que sur les rivages actuels, comme sur le fond d'un même bassin rempli d'eau , il existe des espaces étendus , couverts, les uns de sable très fin ou de vase , les autres de galets de grosseurs assorties, sans aucune trace de coquilles , ni d'aucun autre corps organisé, tandis qu'à quelque distance les débris de certains mollus-ques ou de plantes marines sont amoncelés en bancs puissants, et ne s'aper-çoit-on pas bientôt en cherchant à se rendre compte de ces différences locales qu'elles dépendent uniquement de la forme du bassin, de la nature des rivages qui fournissent la matière des sédimens, et surtout des mouve-mens et de la direction des eaux qui peuvent être les mêmes , ou varier accidentellement ou régulièrement, etc., etc.? circonstances qu'il suffit d'in-diquer pour que chacun voie qu'elles doivent entrainer des modifications correspondantes dans les caractères minéralogiques et zoologiques de dépôts simultanément formés......

» Mais les productions variées de *cette troisième mer* » *reparaissent*, et on retrouve au sommet de Montmartre... » les mêmes coquilles qu'on a trouvées dans les marnes » supérieures au gypse , et qui , bien que réellement dif- » férentes de celles du calcaire grossier, ont cependant » avec elles de grandes ressemblances.

» Enfin, *la mer se retire* entièrement pour la *troisième* » *fois*; des lacs ou des mares d'eau douce la remplacent , » et couvrent des débris de leurs habitants presque tous » les sommets des coteaux et les surfaces même de quel- » ques-unes des plaines qui les séparent. »

ÉTABLISSEMENT DU SYSTÈME DES IRRUPTIONS.

Difficile à admettre pour les géomètres et pour les as-tronomes.

« Plusieurs causes irrégulières, telles que les vents et les tremblemens
» de terre, agitant la mer, la soulèvent à de grandes hauteurs, et la font
» quelquefois sortir de ses limites. Cependant l'observation nous montre
» qu'elle tend à reprendre son état d'équilibre, et que les frottements et
» les résistances de tout genre finiraient bientôt par l'y ramener, sans
» l'action du soleil et de la lune. Cette tendance constitue l'équilibre
» *ferme* ou *stable*. . . . .
» La stabilité de l'équilibre d'un système de corps peut être absolue, ou
» avoir lieu quel que soit le petit dérangement qu'il éprouve; elle peut
» n'être que relative et dépendre de la nature de son ébranlement primitif.
» De quelle espèce est la stabilité de l'équilibre des mers? C'est ce que les
» observations ne peuvent pas nous apprendre avec une entière certitude,
» car quoique dans la variété presque infinie des ébranlements que l'Océan
» éprouve par l'action des causes irrégulières, il paraisse toujours tendre
» vers son état d'équilibre, on peut craindre cependant qu'une cause
» extraordinaire ne vienne à lui communiquer un ébranlement qui, peu
» considérable dans son origine, augmente de plus en plus et l'élève au-
» dessus des plus hautes montagnes (ce ne serait que des marées et non des
» stations prolongées), ce qui expliquerait plusieurs phénomènes d'histoire
» naturelle. Il est donc intéressant de rechercher les conditions nécessaires
» à la stabilité absolue de l'équilibre des mers, et d'examiner si ces con-
» ditions ont lieu dans la nature. En soumettant cet objet à l'analyse, je
» me suis assuré que l'équilibre de l'Océan est stable, si sa densité est
» moindre que la moyenne densité de la terre, ce qui est fort vraisembla-
» ble; car il est naturel de penser que ses couches sont d'autant plus denses,
» qu'elles sont plus voisines de son centre. On a vu d'ailleurs que cela est
» prouvé par les mesures du pendule et des degrés des méridiens, et par
» l'attraction observée des montagnes. La mer est donc dans un état ferme
» d'équilibre; et si, comme il est difficile d'en douter, elle a recouvert
» des continents aujourd'hui fort élevés au - dessus de son niveau; il
» faut en chercher la cause ailleurs que dans le défaut de stabilité de
» son équilibre; l'analyse m'a fait voir encore que cette stabilité cesserait
» d'avoir lieu, si la moyenne densité de la mer surpassait celle de la terre ;
» en sorte que la stabilité de l'équilibre de l'Océan, et l'excès de la densité
» du globe terrestre sur celle des eaux qui le recouvrent, sont liés récipro-
» quement l'un à l'autre. »

Laplace, *Exposition du système du monde*, chap. XII, pag. 289, 4°
édition in-¼. *De la stabilité de l'équilibre des mers.*

Combattue et révoquée en doute, d'après des observations contradictoires et des expériences, par beaucoup de
géologues observateurs.

De La Métherie, Beudant, Faujas, Brard, d'Aubuisson, Marcel de

Serres, Breislack, Boué, Férussac et M. de Humbolt lui-même.(Voyez quelles sont les idées philosophiques émises sur ce sujet par ce célébre géologue, pag. 48 et suivantes de l'*Essai géognostique sur le gisement des roches.*)

Il est vrai que, parmi les auteurs que je viens de citer, quelques-uns ayant échoué dans leurs tentatives à cause de l'insuffisance ou de la spécialité des moyens et peut-être de la faiblesse des armes qu'ils ont employées, ils ont plutôt assuré que disputé la victoire aux adversaires qu'ils tentèrent de combattre.

Faujas (*Annales du Muséum* , tom. VIII) adoptant les idées de Deluc et de M. Brongniart lui-même (*Description géologique des environs de Paris* , dernière édition, pag. 196) sur la formation des collines calcaires de Weissenau, près Mayence, qu'il regarde comme formées sous la mer, prit pour des bulimes les petites paludines, qui se trouvent en si grande abondance dans quelques assises *avec des hélices* , et s'efforçant de faire considérer ces coquilles comme marines, il ne put réussir par cet argument à mettre en doute l'existence des fossiles d'eau douce et celle de dépôts fluviatiles ou lacustres.

M. Brard, son élève, ne fut pas plus heureux (*Annales du Muséum* , VIIe année) lorsqu'il fit d'inutiles efforts pour essayer de prouver que la seule formation peut-être vraiment lacustre des environs de Paris, celle des meulières supérieures, avait été déposée sous les eaux de la mer.

Les ingénieuses et utiles expériences de M. Beudant (*Journal de Physique* , tom. 83), entreprises pour faire voir que des mollusques fluviatiles peuvent s'habituer à vivre dans de l'eau graduellement plus salée, tandis que beaucoup de mollusques marins peuvent exister dans de l'eau douce, tendent, de même que les faits analogues rapportés sur le même sujet et à l'occasion des poissons par J. Mac-Culloch (*Journal of Sciences, Litter. and Arts* , n° XXXVIII, pag. 237), à expliquer la possibilité des mélanges, mais non à rendre compte de la superposition alternative de dépôts puissants et caractérisés *exclusivement* , les uns par des fossiles semblables aux animaux de nos mers, les autres par d'autres animaux semblables à ceux de nos eaux douces.

L'association de quelques mollusques qui, maintenant encore, vivent presque indifféremment dans des eaux de nature différente ou mélangée, ainsi que MM. Beudant, Marcel de Serres et de Freminville l'ont observé à l'embouchure de quelques fleuves et dans des étangs saumâtres, ne comprend qu'un certain nombre d'espèces particulières et littorales.

Il fut donc, par ces motifs, facile de réfuter les objections qui semblaient naitre des faits et des expériences rapportés par ces différents auteurs; et quant aux doutes et aux explications plus vagues, plus générales et peut-être plus philosophiques des autres, on leur opposa le silence, ou bien on les taxa d'*hypothèses.*

Cette doctrine des irruptions semble cependant avoir prévalu, et être devenue comme la base fondamentale des croyances d'une nouvelle école géologique. Des observations analogues à celles qu'avaient présentés les terrains des environs de Paris, et faites dans d'autres parties de la France, en Angleterre, en Allemagne, dans un assez grand nombre de lieux, semblèrent confirmer la justesse des conséquences que l'on avait tirées des premières ; aussi les ouvrages les plus récents, publiés sur la géologie des dernières couches de la terre, admettent-ils comme une vérité presque démontrée l'irruption répétée de la mer sur nos continents.

CE QUE L'ON DOIT ENTENDRE PAR IRRUPTION.

Je dois nécessairement expliquer que, *par irruption de la mer*, je n'entends pas un événement local par suite duquel des terres basses auraient été submergées lors de la rupture des digues qui les séparaient du bassin des mers ; je n'entends pas non plus une submersion passagère causée par le déversement de bassins supérieurs dans l'océan général ou dans un bassin inférieur. La position actuelle des terres de la Hollande fournit un exemple d'une disposition qui pourrait donner lieu au premier accident, et les rapports d'élévation des eaux de la mer Noire et de la mer Caspienne sont tels aujourd'hui, qu'une grande partie des plaines de la Perse seraient submergées, si la communication s'établissait entre les deux mers : on conçoit donc facilement toutes les causes locales qui ont pu donner lieu sur la terre à des déluges et à des submersions plus ou moins étendus, en pensant aux effets qui peuvent se reproduire sous nos yeux. Je n'entends pas parler non plus de la dernière catastrophe de ce genre dont presque tous les peuples ont conservé le souvenir, et qui, au surplus, n'a laissé sur le sol que les traces d'une action violente et passagère, et dont les effets bien constatés ne prouvent, en aucune manière, l'élévation et le séjour assez prolongé des eaux de l'Océan au-dessus d'un sol antérieurement habité, pour qu'il se soit formé sur ce sol des dépôts marins réguliers.

Par *irruption de la mer*, je comprends la supposition admise dans l'hypothèse que j'essaie de réfuter, et qui consiste à dire que la mer, après avoir quitté un point qu'elle occupait depuis long-temps, s'est abaissée de plusieurs centaines de mètres; qu'après un long intervalle, elle s'est élevée de nouveau sur le premier point abandonné, qui était devenu le séjour de plantes et d'animaux terrestres; qu'elle est restée stationnaire sur ce dernier point assez long-temps, pour que plusieurs générations d'êtres marins se soient propagées au-dessus du sol envahi, et qu'il ait pu se former, sur des campagnes naguère fertiles, des couches marines puissantes dues à une opération lente, et non au transport instantané de matières déjà déposées dans d'autres lieux.

Ce sont des irruptions de ce genre qu'il faut admettre pour expliquer la formation du calcaire grossier des environs de Paris, et des marnes et sables marins supérieurs au gypse, si l'on veut regarder comme positif que les dépôts qu'ils recouvrent et qui sont caractérisés par des dépouilles de mollusques d'eau douce, et des ossemens d'animaux terrestres (l'argile plastique et le gypse) ont été formés dans des lacs qui auraient nourri les premiers, et sur les bords desquels auraient vécu les seconds.

« Les lacs d'eau douce autour desquels vivaient ces divers animaux (les
» *anaplothériums* et les *palæothériums*).

» ..... Ainsi l'on ne peut douter que cette population, que l'on pour-
» rait appeler d'âge moyen, cette première grande production de mammi-
» fères, n'ait été entièrement détruite; et en effet, partout où l'on en
» découvre les débris, il y a au-dessus de grands dépôts de formation ma-
» rine, en sorte que la mer a envahi les pays que ces races habitaient, et
» s'est reposée sur eux pendant un temps assez long. » (G. Cuvier, *Disc.*
in-8, p. 329 et 330.)

(Et *id.*, p. 60 et 61.) « L'apparition des os de quadrupèdes, surtout
» celle de leurs cadavres entiers dans les couches, annonce, ou que la couche
» même qui les porte était autrefois à sec, ou qu'il s'était au moins formé
» une terre sèche dans le voisinage. Leur disparition rend certain que cette
» couche avait été inondée, ou que cette terre sèche avait cessé d'exister.
» C'est donc par eux que nous apprenons, d'une manière assurée, le fait
» important des irruptions répétées de la mer, dont les coquilles et les
» autres produits marins à eux seuls ne nous auraient pas instruits ; et c'est
» par leur étude approfondie que nous pouvons espérer de reconnaître le
» nombre et les époques de ces irruptions.

» ..... Si leur irruption (celle des eaux de la mer) a été générale, elle a
» pu faire périr la classe entière, ou, si elle n'a porté à la fois que sur cer-
» tains continents, elle a pu anéantir au moins les espèces propres à ces
» continents, sans avoir la même influence sur les animaux marins. »

N'est-ce pas dans des sédiments homogènes, des marnes, du gypse, des
argiles, que l'on trouve beaucoup de mammifères fossiles avec des coquilles
d'eau douce ? Où cite-t-on des accumulations d'os immédiatement *sous* des
sédiments marins, et entre ceux-ci et un sol différent que l'on pourrait regarder comme celui qu'ils ont habité ? Je puis, pour répondre à cette première question, m'appuyer de l'autorité de M. Cuvier lui-même :

« Ce que ces Animaux (*les lophiodons*) ont de plus important pour la
» théorie de la terre, c'est que tous ceux de leurs débris dont il a été pos-
» sible de constater le gisement, sont enveloppés de pierres ou de terres
» remplies exclusivement de coquilles d'eau douce, et qui, par conséquent,
» ont été déposées par les eaux douces, que les animaux dont on trouve
» les débris avec les leurs, sont ou des animaux terrestres et inconnus
» comme eux, ou des crocodiles, des trionix et des emydes, par consé-
» quent des animaux aquatiques dont les genres habitent aujourd'hui les
» eaux douces des pays chauds ; enfin que, dans plusieurs endroits bien
» déterminés, ces couches (*et non pas les os*) sont recouvertes par des
» couches d'une origine certainement marine.

» Par conséquent le genre des lophiodons vient se joindre à ceux des
» palæothériums et des anoplothériums, ainsi qu'à d'autres genres inconnus
» que je décrirai bientôt pour démontrer la certitude d'une création ani-
» male *qui occupait la surface de nos continents actuels, et nommément
» celle de la France, et qu'une irruption de la mer est venue détruire*
» pour en recouvrir les débris par des roches d'une nouvelle origine..... »
(G. Cuv., *Rech. sur les oss. foss.*, tom. II, 1ʳᵉ partie, p. 222.)

Comme je viens de le faire remarquer, ce sont les couches de sédiment
d'eau douce, renfermant les ossements, et non ceux-ci qui, dans la plupart
des cas, sont immédiatement recouvertes par des dépôts marins, de sorte
qu'en regardant, même comme démontré, que ces derniers dépôts sont le
produit d'une irruption marine, on ne pourrait attribuer à l'inondation du
sol qu'ils habitaient la destruction des lophiodons, des palæothériums, des

anoplothériums, et d'un grand nombre d'éléphants , etc., dont les cadavres étaient déjà enfouis dans les sédiments d'eau douce précédemment et lentement formés, lorsque la mer serait revenue.....

Bien plus encore, les belles observations de M. Cuvier lui-même sur les mammifères, les reptiles et les poissons marins, s'accordent avec celles que nous présentent les coquilles des différentes formations, comparées entre elles, pour nous apprendre que les races des animaux aquatiques n'ont pas été, plus que celles des animaux terrestres, à l'abri des causes de destruction et de changements, puisque les habitants de l'ancien Océan ne différaient pas moins de ceux de l'Océan actuel que les habitants des anciennes terres sèches ne différaient de ceux de nos continents ; les êtres qui respiraient par des branchies, comme ceux pourvus de poumons, ont donc éprouvé les mêmes effets de causes probablement semblables qui ne nous sont pas connues, mais qui ne peuvent être des irruptions de la mer sur les continents, puisque celle-ci n'aurait pas agi de la même manière sur les animaux marins qu'elle aurait au plus déplacés, et sur les animaux terrestres qu'elle aurait noyés.

EFFETS PRÉSUMABLES D'UNE IRRUPTION MARINE SUR UN SOL HABITÉ.

D'après cette dernière manière de voir, *si le sol que la mer a laissé libre dans sa dernière retraite, celui que l'homme et les animaux terrestres habitent aujourd'hui avait déjà été desséché une fois, et avait nourri alors des quadrupèdes, des oiseaux, des plantes et des productions de tout genre* *.

Ne semble-t-il pas incontestable que quelque part du moins, sous les dépôts formés par cette *dernière mer*, on devrait retrouver l'indice du sol précédemment habité, reconnaître les anciennes savanes, les antiques bois de palmiers qui fournissaient la nourriture et servaient d'abri aux *palæothériums*, aux *anaplotériums*, de même qu'on devrait trouver avec les os des mastodontes, des rhino-

---

* Voyez le *Discours sur les révolutions de la surface du globe*, pag. 15 et 283.

céros, des éléphants, des cerfs, etc., quelques vestiges en place des forêts moins anciennes qui servaient de retraite à ces grands mammifères : car comment supposer qu'une inondation qui aurait noyé ces animaux en laissant leurs cadavres sur le lieu même qu'ils parcouraient quelques moments auparavant, aurait en même temps arraché, déraciné toutes les plantes, et détruit le terreau végétal qui alimentait celles-ci? Comment cette cause, impuissante pour faire disparaître les animaux les plus petits, comme plusieurs rongeurs, des sarigues, des oiseaux, etc., dont on a trouvé les squelettes presque intacts dans le gypse, aurait-elle effacé de dessus les roches précédemment exposées à l'air, les caractères profonds et durables que les météores atmosphériques, la végétation, les animaux eux-mêmes devraient avoir nécessairement imprimés sur la surface des roches et du sol supposés découverts? En un mot, si, pour spécialiser tout-à-fait en prenant un exemple, la pierre à plâtre des environs de Paris avait été déposée dans un lac d'eau douce d'une étendue nécessairement bornée ; si les rivages de ce lac tranquille avaient été l'habitation des animaux et des plantes dont le gypse renferme les débris, la mer dans laquelle se seraient formés plus tard les marnes et les grès marins supérieurs, qui souvent ont plus de deux cents pieds d'épaisseur, n'aurait pas seulement remplacé les eaux du lac, mais elle se serait encore étendue au-delà des rives de celui-ci, puisqu'à l'irruption supposée, on attribue l'anéantissement des races alors existantes.

Avant de démontrer qu'aucune circonstance qui pourrait appuyer cette dernière supposition n'existe réellement dans le bassin de la Seine, et de faire voir même qu'il est fort douteux que l'on puisse trouver dans certains faits relatifs aux terrains plus anciens de charbon de terre, ou aux terrains nouveaux désignés aujourd'hui sous le nom de *dilivium*, la preuve que la mer est revenue séjourner long-temps sur des terres sèches dont l'élévation était de beaucoup *supérieure à son niveau*, il est nécessaire de m'arrêter quelques instants sur les caractères inhérents à un sol habité ou seulement habitable, afin de rendre évident qu'aucune raison solide, valable de la disparition de ces caractères, ne saurait être donnée, dans l'hypothèse d'une irruption marine, quelque violente que puisse être l'agitation des eaux.

Je répondrai ensuite aux objections que l'on pourrait me faire en citant des faits locaux et analogues à quelques-uns que j'ai eu moi-même l'occasion de recueillir dans le cours de mes recherches, faits qui, au premier abord, sembleraient prouver d'une manière concluante, soit que des forêts d'arbres terrestres ont été enfouies en place par des couches marines, soit dans d'autres cas que des productions de la mer ont évidemment recouvert du terreau végétal non déplacé.

CARACTÈRES DU SOL HABITABLE.

Pour qu'un fond de mer laissé à sec devienne habitable, il faut nécessairement que, pendant quelque temps, il éprouve l'influence d'une part destructive, et, d'un autre côté, créatrice de l'atmosphère ; si ce fond était parfaitement uni, il serait toujours un désert, mais s'il offre quelques anfractuosités qui fassent que quelques parties dominent les autres, ce qu'il est impossible de ne pas admettre dans le cas où il conserverait des espaces remplis d'eau, il présentera des pentes, des versants ; ceux-ci seront bientôt sillonnés par des eaux courantes qui, fournies par l'atmosphère, descendront des parties élevées vers les parties basses ; ces torrents, ces ruisseaux, ces fleuves traceront leurs lits sinueux dans l'épaisseur du sol ; aidés par les météores atmosphériques, ils dégraderont les montagnes pour couvrir les plaines de leurs débris, et leurs rives, tantôt abruptes, tantôt douces, seront toujours reconnaissables ; de sorte que, lors même que la cause de ces effets aurait disparu, ceux-ci suffiraient pour la faire connaître.

D'un autre côté, les changements fréquents de température, les pluies, l'action solaire, celle de la gelée, ne tarderont pas à dénaturer la surface des roches les plus dures ; leur couleur s'altérera jusqu'à une certaine profondeur ; des fissures, des gerçures, plus ou moins profondes, les diviseront ; elles se décomposeront en partie, ou se briseront en fragments qui resteront en place sur les plateaux, ou s'ébouleront pour former des talus au pied des pentes escarpées.

Il suffit d'avoir examiné le sol actuel, quelle que soit la nature des substances dont il se compose, pour ne pas se refuser à admettre la généralité de ces effets, et pour savoir les rattacher aux causes qui les ont produites.

Jusqu'ici le fond de l'ancienne mer, que nous venons de supposer mis à sec, ne serait encore préparé que pour servir de demeure à des lichens, à des mousses ; mais bientôt la décomposition de ces premiers végétaux favorisera le développement de plantes plus élevées dans l'échelle d'organisation ; des marécages, des tourbières se formeront sur les rivages et dans les bas-fonds ; les plaines se couvriront de forêts, dont les arbres, profondément implantés dans un terreau épais et dans les fissures des pierres, offriront une forte résistance aux efforts les plus violents, et seront sans doute beaucoup plus difficilement arrachés à leur sol natal, que les animaux qui habiteraient au milieu d'eux, animaux dont plusieurs générations se seront à peine succédés, que l'ancien lit de la mer ressemblera aux continents que nous habitons aujourd'hui.

CE QUI ARRIVERAIT SI LA MER SUBMERGEAIT NOS CONTINENTS.

Voyons donc ce qui arriverait maintenant si , par une cause semblable à celle qui aurait fait revenir la mer par *trois fois* sur nos continents , elle revenait une *quatrième fois* recouvrir le sommet actuel de Montmartre : peut-on supposer, quelles que fussent la violence et la rapidité de cette nouvelle irruption , que la trace de nos cours d'eau disparaîtrait ; que nos épaisses tourbières seraient détruites ; que tous les arbres et toutes les plantes de nos forêts et de nos prairies seraient déracinés, annihilés ; que, sans en excepter des vallons abrité, des gorges profondes, la terre végétale serait partout délayée et entraînée ; et que, dans le même moment où l'irruption marine effacerait de dessus la surface des couches de nos calcaires, de nos grès, les effets de leur exposition à l'air, elle laisserait gissant à la place où ils auraient vécu, les cadavres presque intacts des chevaux, des bœufs, et des hommes qui n'auraient pu s'échapper ! Pourquoi la force qui arracherait les plus gros arbres et les ferait disparaître, laisserait-elle sur le lieu qu'ils occupaient les animaux noyés ?

Tels auraient été cependant les singuliers effets des deux ou trois irruptions admises, pour expliquer la destruction de la race des *anoplothériums* et des *palœothériums*, de nos plâtres, et de celles des éléphants, des rhinocéros, et autres grands mammifères terrestres, dont les couches superficielles de nos contrées renferment tant de débris ; si l'on était forcé d'admettre avec l'auteur des *Recherches sur les Ossemens fossiles*, que ces divers animaux ont vécu dans le lieu même où l'on déterre aujourd'hui les ossements qui en attestent l'existence, et que ceux-ci , épars à la surface du sol après la mort naturelle des animaux dont ils proviennent, ont été couverts de nouvelles couches par des inondations marines qui , en même temps, auraient tué et

enfoui sur place les individus que les eaux auraient atteints vivants.

« Avant cette catastrophe (la dernière), ces animaux vivaient donc dans
» les climats où l'on déterre aujourd'hui leurs ossements ; cette catastrophe
» y a recouvert de nouvelles couches les os qu'elle a trouvés épars à la sur-
» face; elle a tué et enfoui les individus qu'elle a atteints vivants. » (Cuvier,
Recherches sur les oss. foss., tom. II, 1re partie, p. 225.)

« Tout rend donc extrêmement probable que les éléphants, qui ont fourni
» les os fossiles, habitaient et vivaient dans les pays où l'on trouve aujour-
» d'hui leurs ossements; ils n'ont donc pu y paraître que par une révolution
» qui a fait périr tous les individus existants alors, ou par un changement
» de climat qui les a empêché de s'y propager; mais qu'elle qu'ait été cette
» cause, elle a été subite.» (Cuvier, *Recherches sur les os foss.*, tom. 1er,
p. 202; tom. IV, p. 283 et *Disc.* in-8, p. 16.)

S'il en eût été ainsi, il me semble que, non-seulement
on retrouverait les squelettes de ces grands herbivores au
milieu des forêts qui leur fournissaient un abri et leur
procuraient la nourriture, mais encore que les cadavres
et les arbres déracinés et rompus seraient accumulés pêle-
mêle immédiatement sous les dépôts marins à une même
zône, et qu'ils ne seraient jamais répartis à différentes
hauteurs dans des couches distinctes et épaisses (gypse),
qui le plus souvent ne renferment que des coquilles d'eau
douce, bien toutefois que, dans quelques circonstances
qu'il importe de ne pas omettre, les os eux-mêmes sont
couverts de coquilles marines adhérentes et qui s'y sont
développées, circonstance particulière qui démontre bien
un séjour prolongé de la mer au-dessus des ossements et
non une inondation passagère, mais qui ne saurait prouver
l'envahissement du sol qui les porte, puisqu'il est facile de
comprendre que des cadavres ont pu être chariés *par un
fleuve*, et déposés par lui sur le lit de l'ancien Océan.

Pallas, Fortis, et les échantillons observés par M. Cuvier lui-même, et
que l'on voit dans la magnifique collection de zoologie fossile rassemblée au
Muséum de Paris par les soins de ce professeur, attestent en effet le séjour
prolongé d'ossements d'éléphants et de rhinocéros, etc., assez de temps
sous la mer pour que des huitres, des millepores, etc., se soient fixés et

développés sur ces os ; et comme ces derniers sont enveloppés dans des couches qui aujourd'hui, et par conséquent depuis l'état présent de la surface de la terre, sont de beaucoup au-dessus du niveau des mers, il ne faut pas en conclure que la cause qui les a placés sous les eaux a été violente et passagère (Cuv., *Disc.*, in-8, p. 16), mais que quelle qu'ait été cette cause, elle a certainement précédé de beaucoup la dernière grande révolution qui a mis à sec nos continents actuels ; en second lieu, la nature et l'épaisseur des couches inférieures à celles qui renferment les ossements, lesquelles couches à Castel-Arquato, par exemple, enveloppent un nombre immense de coquilles marines analogues, à celles des mollusques qui vivent actuellement dans la Méditerranée, et jusqu'à des squelettes entiers de baleine, rendent probable que le sol qui porte les ossements de mammifères était, depuis long-temps, un fond de mer, et non un continent sur lequel l'irruption marine serait venu *recouvrir des os épars, comme peuvent l'être, dans notre pays, les os des chevaux et des autres animaux qui l'habitent, et dont les cadavres sont répandus dans les champs.* (Cuvier, *Rech. sur les Oss. foss.*, t. Ier, p. 202.)

AUCUNS FAITS POSITIFS NE PROUVENT DES IRRUPTIONS.

Pénétré de ces diverses idées, je n'ai négligé, dans le cours de mes voyages géologiques, aucune occasion de recueillir des faits qui pussent m'éclairer. J'ai étudié avec soin, partout où j'ai pu le rencontrer, soit en France, soit en Allemagne et en Angleterre, le point de contact des formations regardées comme d'une origine distincte sous le rapport de la nature des eaux, au sein desquelles elles auraient pris naissance. Nulle part je n'ai vu de ligne de séparation nette et tranchée ; j'ai aperçu des passages, des nuances, des oscillations entre les formations d'eau douce et les formations marines qui les recouvrent : dans presque aucun lieu enfin je n'ai pu acquérir la preuve que les eaux marines, avant de laisser déposer leurs sédiments, avaient ravagé, balayé, détruit la surface du système de couches *précédemment déposées;* au contraire, j'ai très souvent vu les premiers lits qui renferment des coquilles marines entières, reposer immédiatement sur des lits dont les fossiles d'eau douce ne paraissaient avoir été nullement altérés ni dérangés, quoiqu'elles fussent très délicates et qu'elles n'adhérassent en aucune manière aux couches meubles qui les renfermaient. J'ai même observé que, dans beaucoup de cas, la nature minéralogique des premiers dépôts marins ne différait pas de celle des dépôts d'eau douce qu'ils recouvrent, et *vice versâ*.

Ainsi, dans l'hypothèse d'un remplacement des eaux douces par des eaux salées, il faudrait convenir que ce remplacement se serait opéré, quelquefois du moins, sans action violente ; et comme on ne saurait expliquer la destruction des races d'animaux terrestres, sans penser que la nouvelle mer aurait dépassé les bords des lacs précédents, on doit présumer que, dans quelques points du sol habité, la terre végétale et les plantes enracinées n'auraient point été moins ménagées que les couches meubles de marne et d'argile, et que les coquilles d'eau douce et les squelettes d'animaux terrestres qu'elles enveloppent.

J'ai surtout examiné avec soin un grand nombre de localités où les formations marines, supérieures au gypse à ossements, recouvrent, sans l'interposition de celui-ci, la formation plus ancienne qu'eux, du calcaire grossier ; et dans l'espérance de trouver les rives du prétendu lac gypseux du bassin parisien, et au-delà les anciennes terres découvertes sur lesquelles vivaient les *Anoplotheriums*, etc., j'ai porté mes recherches vers les contrées où, comme dans le Soissonnais, les couches supérieures du calcaire grossier sont de beaucoup plus élevées que les derniers dépôts de plâtre ; on sait qu'en effet, tandis que les dernières couches de gypse du bassin de Paris ne s'élèvent pas à plus de 100 mètres au-dessus du niveau de la mer actuelle, le calcaire grossier plus ancien atteint à Laon une hauteur de près de 300 mètres.

Dans cette position relative, il faut admettre de deux choses l'une (toujours dans l'hypothèse que je cherche à combattre) : ou 1° que les eaux douces du lac ne s'élevaient pas assez pour couvrir le calcaire de Laon èt déposer sur lui des couches gypseuses, et alors c'est entre Montmartre et le Soissonñais qu'il faudrait trouver de ce côté la rive du lac; ou bien 2o que le lac avait 900 pieds de profondeur, et la surface de ses eaux surpassait de 600 le sommet des collines qui nous environnent; élévation prodigieuse, mais absolument nécessaire, pour que tout l'espace entre Paris et la montagne de Laon ait été sous les eaux. Mais, dans cette dernière hypothèse, il faudrait rencontrer le rivage plus loin, fût-ce au pied des Ardennes, des Vosges, du Morvan, du Limousin, de la Bretagne, et la difficulté ne serait que reculée; seulement il deviendrait plus difficile de concevoir le retour de la mer à des points aussi élevés, lors même que l'on serait parvenu à tracer la circonscription probable du bassin d'eau douce submergé plus tard, et que l'on entreverrait en même temps la possibilité de la mise à sec des continents environnants dans l'intervalle de plusieurs irruptions marines.

Je n'ai pas vu et je ne sache pas qu'aucun observateur ait vu, entre le calcaire grossier et les derniers dépôts marins des argiles et sables marins supérieurs, l'indication d'un sol habitable et habité; mais bien plus, il ne m'a jamais été possible de constater bien clairement en un point quelconque de la surface des diverses formations anciennes, soit de craie, soit de calcaire oolitique et même de granite, que ces surfaces avaient éprouvé les influences atmosphériques avant que d'avoir été recouvertes par des formations plus récentes et par les dépôts diluviens eux-mêmes; dernière observation que je me garde de généraliser, mais que je crois applicable aux parties basses de nos continents.

J'ai consulté les ouvrages descriptifs; j'ai interrogé de bons observateurs, et à l'exception de quelques exemples très limités, qui s'expliquent pour ainsi dire d'eux-mêmes par les circonstances environnantes, je n'ai pu en définitive acquérir la preuve directe que les sédiments marins les plus récents, ceux qui, pour prendre un exemple, comprennent les marnes supérieures au gypse à ossements et les grès supérieurs, ainsi que tout le système subapennin se voient évidemment quelque part au-dessus du sol d'un ancien continent habitable, qui, pendant un temps quelconque, serait devenu un fond de mer avant que de faire partie des continents actuels.

Je sais que le résultat que j'énonce ne peut être donné que comme une considération négative qui ne saurait décider seule la question proposée. Un fait positif bien constaté pourrait lui ôter toute valeur; aussi je dois examiner celles des observations déjà recueillies qui pourraient paraître conduire, d'une manière convaincante, à un résultat contraire. Parmi ces dernières observations je choisirai, pour exemples seulement, celles qui m'ont été proposées comme des objections victorieuses, par des savants que j'ai à cœur de convaincre, remettant à entrer dans de plus minutieux détails, lorsque j'exposerai la manière simple dont il me paraît possible de rendre compte de tous les faits géologiques et zoologiques que présentent les terrains de sédiment en général par le seul abaissement des bassins des mers.

J'ai déjà eu l'occasion de dire que, par abaissement des mers, je n'entends qu'un changement relatif de hauteur entre le niveau de celles-ci et certaines parties de l'écorce solide de la terre ; ce changement peut avoir été le résultat du soulèvement des continents, comme tant de faits semblent l'indiquer pour un grand nombre de localités , tout aussi bien que la suite d'une retraite ou diminution des eaux ; dans l'une et dans l'autre supposition , les effets auront été à peu près les mêmes s'il n'y a eu ni brisement ni renversement des couches du sol présumé soulevé ; et comme dans la question qui nous occupe il s'agit particulièrement de l'histoire des terrains tertiaires qui, à quelques exceptions près, ont conservé la position horizontale sous laquelle ils ont été formés , on peut, pour simplifier, regarder la mise à sec des parties basses des continents actuels comme ayant été produite par l'abaissement des mers.

Bien qu'il serait moins contraire aux lois astronomiques et plus conforme à l'analogie d'expliquer par des soulèvements et des abaissements alternatifs des continents leur submersion à plusieurs reprises, il est facile de voir, lorsque l'on étudie en détail la structure et la manière d'être des terrains de sédiments tertiaires, qu'on ne saurait rendre compte non plus par ce moyen de l'alternance et des mélanges des fossiles marins, d'eau douce et terrestres que l'on observe dans les nombreux dépôts dont ils se composent, et qui présentent des phénomènes géologiques différents non-seulement dans les bassins hydrographiques naturels les plus rapprochés, mais encore jusque dans les différentes parties d'un même bassin et au même niveau.

Après avoir fait voir, 1° que les tiges de végétaux terrestres placés verticalement dans quelques mines de Houille (Saint-Etienne); 2° que les roches percées en place par des pholades et qui maintenant sont à une grande élévation au-dessus du niveau de l'Océan ainsi que les fragments de calcaire à lymnées percés par les mêmes mollusques (Valmondois); 3° que l'accumulation et l'enfouissement d'ossemens de mammifères dans de vastes cavernes, ne sont pas des faits proprés à démontrer le retour et surtout le *séjour* des eaux marines sur des continents précédemment mis à sec; je rapporterai quelques faits locaux que j'ai été à même d'observer, et qui, contrairement à la thèse que je soutiens, donnent l'exemple d'un sol véritablement végétal rempli de plantes et de coquilles terrestres, sous des assises assez régulières et alternantes de plus de 20 pieds d'épaisseur de sable et d'argiles qui renferment quelques fossiles marins ; mais il me sera facile de prouver qu'on ne peut conclure de ces derniers faits eux-mêmes le retour de la mer pour expliquer des phénomènes qui tiennent à des circonstances purement locales.

TIGES VERTICALES DE VÉGÉTAUX TERRESTRES DANS LES HOUILLÈRES.

Les terrains qui renferment des débris de végétaux terrestres conservés à l'état de houille ou de lignite, sont généralement composés de séries alternatives plusieurs fois répétées, de matière charbonneuse, de grès, d'argile et de calcaire qui se présentent à l'observateur sous le

le même aspect dans des localités très éloignées les unes
des autres, et qui ont évidemment les caractères des véritables sédiments formés par les eaux pendant une longue
période, et dans des bassins tranquilles.

> « Le nombre des couches de houille qui se trouvent au-dessus les unes
> des autres (et toujours séparées par des lits, semblables entre eux, de
> grès houiller ou d'argile schisteuse) est souvent très considérable. A
> Anzin, une galerie de moins de mille mètres en traverse plus de cin-
> quante petites ou grandes ; à Liége, on en a reconnu soixante ; la seule
> montagne de Dutweiler près Saarbruck en renferme trente-deux ; à New-
> castle, le puits de Killingworth, de deux cent dix mètres de profondeur,
> en traverse vingt-cinq ; les couches de grès et d'argile dans les mêmes
> lieux sont bien plus considérables. » (*Traité de géognosie*, par J. B.
> d'Aubuisson, tom. I, pag. 281.)

La ressemblance de structure et de composition des
couches les plus inférieures avec celles qui recouvrent
les autres dans des exploitations qui souvent ont plusieurs
centaines de mètres d'épaisseur, semble annoncer une
sorte de constance dans la répétition des circonstances
sous lesquelles les diverses assises ont été déposées, et elle
éloigne au premier examen l'idée de catastrophes multipliées qui auraient alternativement changé le même point
du globe en terre sèche propre à la végétation des plantes terrestres, et en fond de mer ou de lac.

Cependant plusieurs mines de charbon de terre ayant
donné l'occasion de faire remarquer que quelquefois il
existe des tiges de grands végétaux terrestres qui affectent une position verticale opposée à celle des lits de na-
tures différentes qu'elles traversent, on a cru devoir conclure de ces faits, c'est-à-dire de la verticalité des tiges,
que celle-ci n'avaient point été déplacées, et qu'elles
avaient été enfouies au milieu des sédiments apportés par
une inondation marine à la place même où les plantes
avaient pris naissance.

Croyant pouvoir me dispenser de relater les différents
exemples assez rares de cette disposition de tiges verticales traversant des bancs horizontaux, je m'attacherai à

rechercher quelles conséquences on peut déduire du fait de cette sorte, qui a semblé plus concluant qu'aucun autre, et qui a surtout été constaté d'une manière toute spéciale par l'un des savants géologues dont j'ai l'honneur de discuter les opinions dans ce moment.

Dans une notice publiée dans le *Journal des Mines* (année 1821) sur des *végétaux fossiles* traversant les *couches du terrain houiller*, M. Brongniart décrit les faits qu'il a été à portée d'observer dans la mine du Treuil en Forest. Là, au-dessus des assises nombreuses et presque horizontales de charbon de terre, de schiste et de psammite (*grès micacé*) qui alternent entre elles, on voit un banc de cette dernière roche de trois à quatre mètres de puissance qui, sur une très grande étendue, renferme de nombreuses tiges de végétaux placées verticalement et traversant toutes les assises : « C'est, dit l'auteur, une véri- » table forêt fossile de végétaux monocotylédons d'appa- » rence de bambous, ou de grands *équisétums* comme pé- » trifiés en place. »

La position et surtout la réunion de ces tiges dans les grès, ainsi que l'intégrité d'empreintes de feuilles délicates et de frondes souvent très grandes que l'on voit entre les feuillets des schistes houillers, pourraient sans doute faire croire jusqu'à un certain point que ces débris d'une antique végétation terrestre n'ont pas été apportés, dans les lieux où on les rencontre, de contrées très éloignées, et ces sages considérations viendraient à l'appui de l'opinion assez généralement admise, qu'à l'époque de la formation des charbons de terre, la végétation était plus identique sur tous les points du globe alors découverts qu'elle ne l'est aujourd'hui ; mais peut-on avec autant d'avantage tirer de ces mêmes considérations la conséquence que les charbons de terre eux-mêmes ont été déposés dans le lieu où croissaient les végétaux dont ils sont le produit, ainsi que le présume M. Brongniart, au moins pour ceux de Saint-Etienne (*Mémoire cité*, p. 13), et comme paraît l'admettre généralement M. Adolphe Brongniart, qui regarde les faits observés par son père comme la preuve la plus évidente à l'appui de cette opinion *.

Il est certes très différent pour la question qui m'occupe de dire que la verticalité des tiges indique que les végétaux sont encore à la place où ils ont pris naissance, ou de dire qu'ils ne végétaient pas loin de cette place ; car pour le premier cas , la *verticalité* des tiges pourrait signifier quelque chose , mais pour le second cas , qui supposerait un déplacement, un transport quelconque, la *verticalité* est aussi difficile à expliquer, soit que le trajet parcouru ait été de cent pas , soit qu'il ait été de mille lieues : ce qu'il faudrait, à mon avis , pouvoir déduire de la verticalité des tiges , c'est qu'elles n'ont pas été arrachées du sol qui les a nourries , et qu'elles ont été enveloppées sur place par les sédiments qui les entourent et les recouvrent ; et lors même que toutes les indications se réuniraient pour ne laisser aucun doute à ce sujet, il faudrait encore , pour appuyer l'hypothèse des irruptions à cette époque éloignée, décider si la submersion du sol terrestre n'aurait pas été la suite de son affaissement ou de son glissement ; car dans des terrains qui ont été évidemment bouleversés et dont les uns sont aujourd'hui à plusieurs mille mètres au-dessus du niveau de l'Océan , tandis que d'autres , quoique probablement formés à la même époque , sont de beaucoup inférieurs à ce même niveau , on ne peut dire positivement que les sédiments dont ils se composent ont été fournis par des eaux qui se seraient élevées au-dessus du niveau qu'elles auraient eu d'abord puisqu'il est facile de se rendre compte de ces différences par l'abaissement ou l'élévation de partie du sol ; mais sans entrer dans cette nouvelle discussion et pour nous en

---

* *Sur la Classification des végétaux fossiles* , page 87 , et *Mémoires du Muséum* , tome VIII.

tenir aux faits, voyons si la manière d'être des tiges dans le banc de psammite supérieur de la mine du Treuil et si quelques autres faits analogues peuvent servir à prouver sans réplique que les plantes dont ces tiges proviennent n'ont pas cessé d'adhérer à leur sol natal.

Je ferai observer d'abord que la position verticale des tiges dans les terrains de charbon de terre et dans ceux de lignite est toujours exceptionnelle; que la plupart des débris de végétaux caractéristiques des mêmes terrains sont couchés dans le sens des strates, qu'ils sont compri-més et étendus entre leurs feuillets; en second lieu, que les tiges verticales ne sont pas partout où on les a observées, seulement dans les grès supérieurs à la houille, comme à Saint-Etienne (circonstance peut-être plus difficile à expliquer dans la supposition d'une irruption, que si elles étaient dans le banc le plus inférieur), mais qu'elles sont quelquefois entre deux couches de charbon de même nature, comme le docteur Noggerath l'a vu aux environs de Saarbruck, qu'elles traversent même plusieurs lits de composition différente et le système qui contient le fer carbonaté-lithoïde, de manière qu'il faudrait m'accor-der, d'après ces deux derniers exemples, qu'après comme avant l'irruption supposée des mers et l'enfouissement des arbres alors existant sur le sol terrestre, les circon-stances se sont trouvées les mêmes, puisqu'au-dessous comme au-dessus des tiges il existe des sédiments sembla-bles et qui n'ont pu se former que sous les eaux; il fau-drait donc concevoir qu'après la formation des couches inférieures sous un liquide, celui-ci se serait retiré pour que les grandes fougères aient pu croître et se dévelop-per, et qu'ensuite un autre liquide ou le même serait re-venu avec les mêmes propriétés pour déposer les sédiments qui enveloppent et surmontent les plantes terrestres, et comme dans certains dépôts de charbon de terre la cou-che supérieure est, ainsi que je l'ai déjà fait remarquer précédemment, séparée de l'inférieure à laquelle elle res-

semble en tous points, par plusieurs centaines de pieds ;
s'il fallait admettre qu'entre la formation de l'une et de
l'autre il y a eu un desséchement et une inondation , les
difficultés se multiplieraient à l'infini, et on ne pourrait
comprendre comment les mêmes points géographiques du
globe auraient pu se retrouver placés exactement sous les
mêmes circonstances avant et après d'aussi grands événements.

Mais encore une fois, pour ne pas m'écarter de la route
que je me suis tracée, je dois me borner à discuter la valeur des faits observés dans la mine du Treuil.

Les tiges sont effectivement en grand nombre dans le
banc de grès qui les renferme ; mais pour quelques-unes
qui laissent voir à leur base des divisions qui rappellent
l'origine et la bifurcation des racines, presque toutes au
contraire sont comme tronquées ou rompues ; bien plus,
comme on peut le voir dans la figure qui a été donnée par
M. Brongniart, le pied des tiges rameuses est à toute hauteur dans le banc de grès qui les enveloppe de toutes parts,
de sorte que si ces digitations devaient indiquer des racines, et cela est très-probable, celles de quelques tiges seraient placées plus haut que le sommet des tiges les plus
voisines et presque contiguës , ce qui indiquerait une surface de sol bien extraordinairement contournée ; enfin , et
cette raison est, à ce qu'il me semble, une des plus puissantes, la substance pierreuse est homogène au-dessous,
autour et au-dessus des tiges, de telle sorte qu'il faudrait
supposer que les plantes ont végété sur une terre sablon-
neuse tellement semblable par sa nature, sa composition,
sa couleur, etc. , au sable qui serait venu enfouir plus tard
la forêt de fougères , qu'on ne pourrait voir aucune ligne
de séparation entre le sol nourricier de ces plantes et celui
qui est venu les détruire.... Comment une fissure , suivant
une ligne qui passerait entre les racines et les tiges, n'in-
diquerait-elle pas l'ancien sol terrestre ? Comment aussi
toutes les ramifications des racines des arbres enfouis au-

raient-elles été détruites, elles qui auraient dû être proté-
gées par le terrain auquel elles n'auraient pas cessé d'adhérer, et lorsque dans les mêmes dépôts les empreintes des
feuilles et des ramuscules les plus minces ont été conser-
servées? Il me semble donc, d'après ce que j'ai dit précé-
dement, que sans épuiser toutes les raisons que je pourrais encore alléguer, la *verticalité* des tiges observées dans
les bancs supérieurs de la mine du Treuil et dans beaucoup
d'autres exploitations qui ont été citées comme exemples, ne peut indiquer que les tiges sont à la place où elles
ont pris naissance, et que leur présence et leur position ne
sauraient alors ni servir à fonder une opinion précise sur
le mode de formation des charbons de terre et des lignites,
ni fournir surtout un exemple de l'envahissement par la
mer d'un sol terrestre qui de nouveau aurait été remis à
sec, et ce dernier résultat est celui qu'il m'importe de
noter ici.

Il resterait sans doute à expliquer comment des tiges
ont pu conserver leur position verticale malgré leur déplacement ; mais l'explication fût-elle impossible à donner,
il n'en faudrait pas conclure pour cela que les conséquences que j'ai cherché à tirer des autres circonstances qui
accompagnent celles de la verticalité, ne sont pas justes ;
je puis au reste m'appuyer de l'autorité de M. Brongniart
lui-même qui, après avoir constaté les faits d'une manière rigoureuse et rapporté les conjectures auxquelles
ils pourraient donner lieu, a dit, en terminant son Mémoire, « qu'il reste sur la situation primitive de ces
» tiges verticales une incertitude qui doit nous engager à
» continuer d'observer, et nous apprendre que nous ne
» pouvons encore tirer de ce fait aucune conséquence ab-
» solue et générale. » (*Notice citée , p.* 15.)

Tout en n'admettant pas l'hypothèse imaginée par Pallas qui expliquait
la présence, en Sibérie, des cadavres de rhinocéros et d'éléphants par une
grande débâcle des mers du Sud qui les aurait entraînés vers le Nord, il
faut craindre de décider trop tôt que les fossiles n'ont pas été transportés

souvent à de grandes distances , et qu'ils sont toujours près des lieux où vivaient les êtres dont ils proviennent ; et parce que les poils dont les éléphants et les rhinocéros fossiles de la Sibérie ont été trouvés couverts , annoncent que les animaux de ce genre ont pu habiter des régions froides , il ne faut pas dire généralement que les eaux n'ont pas pu expatrier les productions d'un climat pour les porter sous un autre ; l'intégrité des squelettes, celle des coquilles , celle même des feuilles délicates de végétaux n'est pas contraire à la supposition d'un transport toutes les fois que les corps enfouis ont pu flotter; et comme nous devons toujours ne prononcer, dans de semblables questions , que guidés par l'analogie et qu'après avoir examiné ce qui se passe encore sous nos yeux, voyons si quelque phénomène actuel ne pourrait pas , dans presque toutes ses circonstances , expliquer le mode de formation des dépôts de charbon de terre ; leur répartition dans des bassins disposés ordinairement en ligne , au pied des chaînes de montagnes ; le grand nombre de couches alternativement différentes , mais semblables presque partout , et qui annoncent comme une cause commune qui aurait agi pendant long-temps et d'une manière régulièrement intermittente , etc., ainsi :

1° Un phénomène général qui , comme la cause qui le produit , a toujours eu lieu à la surface des mers , c'est le grand courant équatorial qui constamment porte les eaux dans un sens opposé au mouvement de rotation de la terre , c'est-à-dire d'orient en occident ;   .

2° La décomposition de ce courant en courants partiels souvent opposés, est le résultat de la forme des côtes :

3° Un changement de rapport quelconque entre les terres et les mers modifiant la forme des rivages , et par conséquent faisant varier les points de résistance au courant primitif, le courant modifié suivra , après tout grand événement géologique qui déplacera le bassin des mers , des directions secondaires différentes , bien que la cause productrice reste immuable ;

4° Tout le monde sait que, dans le moment actuel , les grands fleuves et principalement ceux de l'Amérique méridionale, charrient une immense quantité de bois et de plantes marécageuses qu'ils transportent à la mer.

Plus de huit mille pieds cubes de matières végétales passent , dit-on , à l'une des embouchures du Mississipi en quelques heures.

5° Tous les navigateurs savent encore que les plantes intertropicales prises par le grand courant que la forme des côtes de l'Amérique force de se diriger vers le nord-est , arrivent souvent intactes jusque sur les côtes d'Islande et du Spitzberg, après qu'une grande partie s'est arrêtée sans doute dans ce trajet, probablement toujours dans les mêmes anses , sur les mêmes fonds , et dans les lieux enfin où un remou , un calme vient déterminer cette distribution , qui , comme l'on voit par ce seul exemple , se fait sur un espace compris entre l'équateur et le 80° degré de latitude , espace immense, six fois plus considérable que celui occupé par toute l'Europe et trente fois plus grand que la France.

6º Ces transports réguliers ne sont pas cependant continuels; ils se font par intermittence à la suite des grandes inondations, et dans l'intervalle les mêmes eaux ne portent dans les mêmes lieux que du sable, que de la vase, et peut-être alternativement l'un et l'autre, selon la hauteur et la rapidité des fleuves affluents, etc., etc.

Maintenant si l'espace compris entre les côtes de la Guiane et celles du Spitzberg venait à être soumis à l'examen des observateurs après avoir été mis à sec, combien se tromperaient les géologues qui, de la ressemblance des plantes et des animaux terrestres et de rivage dont ils verraient les restes dispersés dans ce grand espace, concluraient que la végétation était uniforme sur tous les points du globe; que la température était égale; que là où l'on trouve les débris des végétaux et des animaux terrestres était un sol découvert ou des lacs d'eau douce, etc.? Quelle erreur ne commettrait pas le zoologiste qui, ne voyant dans ces immenses dépôts ni des os d'éléphans, de rhinocéros, d'hippopotames, de girafes, d'hyènes, etc., ni d'aucuns des animaux actuellement particuliers à l'ancien continent, avancerait qu'il n'existait, lors de la formation des dépôts qu'il décrirait, que des animaux semblables à ceux de l'Amérique; et qui déciderait que ceux qui habitaient les rivages étaient beaucoup plus nombreux que ceux des hautes montagnes, parce qu'en effet il ne trouverait ceux-ci que rarement ou même pas du tout, puisque des animaux comme des chamois, des marmottes, des bouquetins, des chameaux, des singes, des caméléons, des serpents, etc., sont, par leur manière de vivre et le lieu habituel de leur séjour, rarement exposés à être emportés à la mer par les grands fleuves? Dans quelle faute ne tomberait pas le botaniste qui, raisonnant de la même manière, déciderait qu'à l'époque où les plantes étaient enfouies, il n'existait sur la terre que des végétaux semblables à ceux qui bordent aujourd'hui les rives du fleuve des Amazones, de l'Orénoque et du Mississipi; que la végétation des Cordillières, de l'Europe, de l'Afrique et de l'Asie était encore à naître, et que les plantes alpines étaient dans des proportions numériques comparativement aux autres, toutes différentes de ce qui existe en effet à la surface de la terre?

Mais je suis entraîné presque malgré moi à anticiper ici sur un sujet dont le développement fera le sujet de la seconde et de la troisième partie de ce Mémoire, et qui repose sur ce principe que je regarde comme la base essentielle de la géologie zoologique et philosophique, c'est que: 1º *les fossiles terrestres comme les fossiles d'eau douce et marins sont les vestiges des seuls corps organisés qui, par des circonstances locales, ont pu être recouverts dans le sein des eaux par des sédiments;*

2º *Que les fossiles terrestres ne peuvent donner qu'une idée approximative de l'ensemble des êtres et des plantes qui vivaient sur le trajet des eaux continentales courantes ou sur les rivages des mers, et qu'ils ne peu-*

*vent nous faire connaître comment étaient peuplés l'intérieur des conti-
nents, les plaines élevées et les hautes montagnes.*

Je renouvelle ici le vœu que j'ai plusieurs fois exprimé déjà; c'est que des
navigateurs expérimentés fournissent aux géologues les documents précieux
qu'ils pourront recueillir sur l'histoire détaillée et philosophique de la mer
actuelle : c'est sur le fond de l'Océan , sur ses rivages , à l'embouchure des
fleuves qu'il reçoit, dans ses détroits, dans ses golfes , que se passent encore
des phénomènes probablement semblables à ceux qui ont donné lieu à la
configuration fondamentale de nos continents, sur lesquels nous ne saurions
distinguer , sans cette étude préliminaire , les caractères primitifs de leur
origine , de ceux par lesquels leur surface a été modifiée depuis leur mise à
sec et leur exposition aux actions secondaires de l'atmosphère.

L'observation de ce qui se passe sous les eaux de la mer, est le point de
départ de l'étude des derniers terrains de sédiments, comme celle des volcans
brûlants est la base des recherches à faire sur les roches cristallisées les plus
anciennes.

M. de Humboldt a vu la houille à mille trois cent soixante toises de
hauteur au-dessus du niveau de la mer dans le plateau de Santa-Fé de
Bogota, et ce célèbre géologue rapporte que, d'après les renseignements qu'il
a pris , elle s'élèverait jusqu'à deux mille trois cents toises , et par conséquent
au-dessus de toute végétation phanérogame dans les hautes Cordilières près
de Huanuco. Les mines de charbon de Saint-Ours, près Barcelonnette, sont
à plus de mille toises, tandis qu'à White-Heaven, en Angleterre, les exploitations de ce combustible pénètrent sous le lit de l'Océan à plusieurs centaines de mètres.

On peut , pour connaître les principales relations relatives à des tiges verticales , consulter :

1° Le Mémoire cité de M. Brongniart; *Annales des Mines*, 1821, et

2° Jacob Noggerath , *Ueber anfrecht in Gebirgsgestein ingeschloffene
fossile Baumstamme*, Bonn, 1819.

3° Thomson, *Annals of Philosophy*, novembre 1820, pag. 138.

4° Schoolcraft , Mémoire sur des arbres fossiles de la rivière des Plaines
(*The American Journal of sciences and arts, by Silliman*, 1822).

Le numéro de juin 1822 contient trois lettres de remerciments à l'auteur
pour l'envoi de son Mémoire aux trois présidents des États-Unis, J. Adam,
J. Madison et Th. Jefferson.

5° Mackensic, *Bibliothèque universelle*, tom. VIII, p. 256.

6° Extrait d'un Voyage inédit (sans nom d'auteur); *Bibliothèque universelle*, tom. VIII, p. 232 et 234.

Je crois qu'il ne faut pas attacher une grande valeur aux observations de
ce dernier auteur anonyme, qui dit, entre autres choses : 1° que c'est encore une question de savoir si les différentes couches de houille, ainsi que

leurs enveloppes d'argile et de chaux, doivent être comptées entre les substances primitives créées en même temps que la terre ; 2° qui comprend
dans les houilles les lignites de Bovey, les troncs et les branches d'arbres
entassés sur les côtes d'Islande, les lignites de Brulh, de Cologne, etc.;
3° qui dit avoir observé dans les couches qui recouvrent la houille, des
bambous des Indes, des euphorbes, des fougères, des vesces, qui prouvent que, dans quelques *révolutions* ou *inondations*, la terre aura été
recouverte d'une argile fine, et que cette argile a reçu les impressions des
plantes qui y ont été ensevelies; 4° qui a enfin trouvé dans les carrières
d'ardoise de Holling-Hill, près Felling, de beaux échantillons de pommes
de pin, des épis d'orge et des racines de turneps changées en pierres
ferrugineuses. C'est parmi des observations analogues que le même auteur
rapporte que, dans les couches d'ardoise de la mine de houille de South-
Sbiels, on a souvent trouvé des arbres entiers qui passent des couches
d'argile durcie aux couches de grès *remplis de coquillages marins*. Or, si
ce dernier fait est exact et s'il devait faire croire que les arbres ont été enfouis en place, ils l'auraient été évidemmment dans ce cas par une inondation d'eau salée.

7° Charpentier, *Bibliothèque universelle*, tom. IX, p. 256. Le fait rapporté par M. Charpentier dans une lettre au professeur Pictet, est un de
ceux qui offrent le meilleur exemple d'un arbre fossile placé dans une position verticale avec ses racines et ses branches, et qui semblerait appuyer
le plus fortement l'opinion émise par M. Brongniart d'un enfouissement en
place. Cependant l'auteur de l'observation est d'un avis entièrement opposé,
et il se fonde sur de trop bonnes raisons, à mon avis, pour que je n'aie pas
un grand intérêt à le prendre pour appui.

Pour que ces arbres eussent vécu dans le lieu où on les trouve, il faudrait
admettre, dit M. Charpentier : « 1° que la roche renfermait les principes
» de leur nourriture; 2° qu'elle avait conservé, pendant tout le temps de
» l'accroissement du végétal, un degré de mollesse suffisant pour que les
» racines pussent y pénétrer et s'y étendre ; 3° que pendant tout le temps
» que ces arbres végétaient, la formation des roches aurait été suspendue;
» et 4° qu'après cela, cette même formation se serait renouvelée pour dé-
» poser les couches qui devaient envelopper le tronc et les branches, et
» qui, dans l'arbre observé à Waldenbourg, présentent un grès absolu-
» ment semblable à celui qui entoure les racines. La nécessité de ces con-
» ditions, dont l'une est toujours plus invraisemblable que l'autre, écarte
» complètement la supposition que ces arbres auraient crú dans les lieux
» où ils existent actuellement. »

M. Charpentier croit donc que l'arbre a pu être transporté avec les matériaux du grès, et il explique sa position verticale par l'effet du poids de
la souche qui aura servi de lest. Il rapporte qu'en effet il a vu, lors de la
débâcle du lac de Bagne, de très grands arbres qui ont été charriés par le

torrent et déposés *verticalement,* les racines en bas, dans la plaine de Mar-
tigny.

8° J. B. d'Aubuisson, *Traité de Géognosie,* tom. II, p. 292, et *Journal des Mines,* tom. XXIII, p. 43.

Malgré le fait qu'il avait observé dans les houillères des environs de la
petite ville d'Haichen en Saxe, et qui consiste en quatre ou cinq troncs
d'arbres *verticaux* de neuf à dix pouces de diamètre et de cinq à six pieds
de long, non compris ce qui était encore enterré dans le grès, M. d'Aubuisson ne balance pas à adopter l'opinion que la plupart des matières végétales d'où peut provenir la houille, après avoir été dissoutes et élaborées
par des agents convenables, ont été déposées fluides ou dans un état de mollesse sur le sol où nous les voyons.... Il faut, dit ce géologue, que la houille
ait été déposée liquide sous forme de précipité ou de sédiment, comme la
plupart des roches, et notamment comme celles avec lesquelles elles alternent, car, sans cela, comment expliquer les minces couches de charbon de
terre qui n'ont qu'un à deux pouces d'épaisseur, qui sont planes et dont les
deux *salbandes,* ou faces sont parfaitement parallèles sur un grand espace,
ces fentes étroites, ces vénules, ces filons de houille qui coupent souvent et
traversent les roches interposées? Cette manière de voir se concilie peu
avec la supposition que les végétaux terrestres qui ont produit la houille ont
été enfouis et carbonisés en place.

9° T. Webster, *On the Purbeck and Portland beds* (*Transactions of
the geological Society of London*), seconde série, tom. II, p. 1.

Dans la partie de ce Mémoire qui a pour objet de démontrer que les
couches supérieures dans l'île de Portland doivent être rapportées à la formation du *purbeck stone* et du *weald clay*, que les géologues anglais s'accordent à regarder comme d'eau douce, tandis que le calcaire oolithique
exploité de Portland est marin, l'auteur fait connaître que, parmi les bancs
de calcaire compacte fissile ou caverneux qui, en effet, offrent les caractères
généraux de nos calcaires d'eau douce (calcaire siliceux de Champigny,
calcaire de Château-Landon), on voit un lit d'un pied environ d'épaisseur.
tendre, d'une couleur brune, qui renferme du lignite terreux et qui s'étend
vers l'extrémité nord de l'île. Ce lit, que les ouvriers appellent *dirt-bed,*
renferme une quantité considérable de troncs fossiles d'arbres dicotylédons,
dont plusieurs ont un à deux pieds de diamètre. Le bois a été transformé
en silex, et *souvent* on trouve les tiges dans une *position verticale,* ainsi
que le représente la figure.

Les fragments que M. Webster a examinés avaient leur partie inférieure
plus grosse et par conséquent plus pesante. Cette extrémité divisée donnait
l'idée d'un commencement de racines, mais les racines n'y étaient pas :
leur extrémité supérieure toujours, tronquée à deux ou trois pieds au plus
de l'origine des racines, pénétrait à travers deux bancs différents.

Il me semble que ces dernières circonstances suffisent pour démontrer
que les arbres n'ont pas été enfouis à la place où ils ont végété, car com-

ment les racines auraient-elles disparu si les arbres n'avaient point quitté le sol dans lequel ils puisaient leur nourriture ; et quelle force aurait pu rompre un arbre de deux pieds de diamètre à trois pieds au-dessus du sol dont la profondeur n'aurait pas eu un pied ? l'arbre n'aurait-il pas été bien plutôt arraché et couché? La plus grande pesanteur de l'extrémité inférieure de tronçons de trois pieds de long explique suffisamment , comme dans l'exemple cité par M. Charpentier, la verticalité de quelques-unes de ces tiges.

J'ai visité l'île de Portland ; j'ai bien noté la différence observée par M. Webster entre les bancs supérieurs analogues à nos calcaires d'eau douce et les bancs marins qu'ils recouvrent; j'ai remarqué le *dirt-bed* qui renferme les arbres; mais dans le point où je l'ai examiné , il n'avait que quelques lignes d'épaisseur ; je l'ai indiqué dans mes notes et dans la coupe que j'ai faite sur les lieux , comme un petit lit d'argile brune et bitumineuse , composé de feuillets minces qui annoncent un dépôt successif fait par l'intermédiaire de l'eau , et non un véritable terreau végétal dans lequel on n'apercevrait pas de stratification. Rien n'empêcherait au surplus que, dans un point d'un bassin quelconque où des végétaux terrestres seraient amenés par les eaux, celles-ci ne charriassent également la terre végétale sur laquelle vivaient les plantes pour la disposer en sédiments. Le contraire serait même difficile à comprendre, et je ne doute pas que , dans la composition des schistes , des argiles , des roches terreuses et brunes qui accompagnent les houilles et les lignites en général, il n'entre beaucoup de terre végétale remaniée par les eaux.

On rapportait dernièrement qu'en creusant le canal de Carlisle, en Anglererre, on a trouvé une forêt souterraine de chênes d'une grande étendue. Tous les arbres étaient inclinés vers le nord et couverts de plus de quatre pieds de terre. On ne peut voir là qu'un événement local et peut-être l'effet d'une inondation passagère qui a enfoui sous les terres charriées par des eaux continentales un sol précédemment habité. On trouve également sur le fond de quelques tourbières et dans la vase de beaucoup de mares, des plateaux élevés (Beauce). ainsi que dans le fond de quelques vallées, des arbres terrestres (noisetiers , saules) véritablement enfouis en place sous des sables et du limon , ce qui semblerait annoncer la submersion d'un sol précédemment desséché ; c'est encore ce qui peut être produit localement par le barrage d'une vallée , par l'accumulation de matières meubles au débouché d'un cours d'eau; accidents naturels qui transformeraient souvent des plaines fertiles en marécages inhabitables et en tourbières (Hollande , Landes de Bordeaux, etc.), si l'industrie des hommes n'y mettait obstacle.

FORÊTS SOUS-MARINES ET SOUTERRAINES

Sans qu'il soit nécessaire de décider si l'on doit considérer comme de véritables forêts submergées les arbres entiers que l'on trouve en très grand nombre, soit dans les tourbières, soit sur le lit des fleuves, soit sur beaucoup de rivages de la mer (les côtes de Lincoln, en Angleterre, celles du Cotentin, de Bretagne, en France, etc.), arbres parmi lesquels les botanistes ont reconnu des chênes, des pins, des sapins, des bouleaux, tous végétaux terrestres mêlés avec des végétaux aquatiques (*Salix æquifolia, Arundo phragmites*), il est évident que la submersion de ces forêts que nous supposerons en place, bien que dans beaucoup de cas il soit certain que l'on doive les considérer comme de véritables amas de bois charriés (Cotentin, île de Chatou, Port-à-l'Anglais), n'indiquerait pas une irruption de la mer dans le sens que nous attachons à cette expression, car 1° ces forêts ont pu recouvrir des terrains bas comme sont ceux de la Hollande, qui auront été envahis par suite de la rupture des digues naturelles qui leur avait permis de se dessécher au moins à leur surface ; 2° ces terrains devenus un sol terrestre ont pu s'abaisser par l'effet de leur dessèchement ou par d'autres causes ; 3° des soulèvements arrivés dans le centre des continents auront pu faire incliner le sol qui s'appuyait sur les montagnes soulevées, et faire plonger les anciens rivages de quelques pieds dans la mer ; 4° dans le cas où, par exemple, il faudrait, selon toutes les probabilités, attribuer la séparation de l'Angleterre et de la France à une rupture très récente, soit par l'enfoncement subit du sol qui fait aujourd'hui le fond du canal de la Manche, soit par un écartement, il serait facile de concevoir que les parties devenues bords escarpés ont pu s'affaisser, s'incliner par leur propre poids vers le point où elles n'avaient plus d'appui, de la même manière que l'on voit à Montmartre et sur les bords des collines de Sanois, de Triel et du pourtour de presque toutes les butes isolées composées de bancs horizontaux, ceux-ci se fendre et s'incliner vers la plaine qu'ils dominent (le gypse à Clignancourt, à la butte d'Orgement, les grès à Fontainebleau, etc.). Ainsi, le phénomène des prétendues forêts sous-marines prouvât-il l'envahissement d'un sol végétal par la mer, ne prouverait en aucune manière l'irruption de celle-ci sur des points plus élevés que son niveau ; mais il démontrerait (ce qu'il nous est bien important de noter en passant) que la mer, en recouvrant un sol terrestre, n'aurait pas détruit les forêts, les prairies, fait disparaître le sol végétal que l'on dit reconnaître à marées basses sur les côtes du Finistère et de la Grande-Bretagne ; et par cet exemple il devient plus difficile de dire pourquoi les précédentes irruptions supposées, auraient eu des actions si différentes, puisqu'elles n'auraient laissé en place aucune des forêts, aucun des pâturages habités et broutés par les grands mammifères devenus fossiles.

Depuis la rédaction de mon Mémoire, j'ai eu l'occasion de constater un fait analogue, et de le faire remarquer aux personnes qui m'accompagnaient dans l'une des promenades géologiques que je fais chaque année à la suite de mon cours.

En arrivant à Fontainebleau par la grande route qui vient de Paris, et au bas de la dernière descente après le point où le chemin se trouve coupé dans la formation du calcaire d'eau douce dont les bancs solides et puissants dans cet endroit recouvrent le grès, on voit, dans une sablière creusée à gauche de la route et plus bas qu'elle, près de vingt-cinq pieds d'épaisseur de sable d'un blanc jaunâtre fin, disposé par lits presque horizontaux ; au-dessus vient un sable argileux rouge qui se distingue très nettement du premier et qui contient des fragments de calcaire d'eau douce et même de meulières, fragments dont plusieurs se voient également aussi dans les lits supérieurs de sable jaunâtre. On pourrait, au premier aspect, voir là le sable de Fontainebleau en place (les grès marins supérieurs) recouvert par le *sol diluvien*; mais il m'a semblé par plusieurs motifs que le sable inférieur lui-même a été remanié, et que son dépôt dans cette cavité est postérieur à celui des grès. Quoi qu'il en soit, de la ligne qui passe entre le sable jaunâtre et le sable rouge foncé, descendent dans le premier des ramifications branchues dont plusieurs ont la grosseur du bras et que l'on peut d'autant moins méconnaitre pour des racines de grands arbres, que quelques portions sont encore à l'état ligneux, mais la plus grande partie est changée en une matière minérale blanche tendre qui se laisse tailler au couteau, et que l'analyse m'a démontré être de la chaux carbonatée à l'état pulvérulent.

Le sable, au milieu duquel sont plongées les racines, composé essentiellement de particules quartzeuses, fait aussi une légère effervescence avec l'acide nitrique, ce qui indique qu'il n'est pas pur. En coupant transversalement les racines pétrifiées, on reconnait parfaitement leur organisation intérieure, et il est évident que ce n'est ni une incrustation ni une pseudomorphose, par le remplissage d'une cavité laissée par des racines, mais une véritable pétrification, si par-là on ne veut pas entendre une transformation de la matière organique en matière minérale, mais le remplacement de l'une par l'autre molécule à molécule, et c'est le cas que présentent, je crois, les fossiles minéralisés.

Ici les racines sont bien en place, mais elles sont dans un terrain très moderne au-dessus duquel la mer n'a sans doute pas séjourné depuis que les arbres ont végété dans ce sol. Le fait ne peut donc appuyer le système des irruptions, mais il prouve ce que Dolomieu a, je crois, l'un des premiers avancé, qu'un corps pâteux ou pulvérulent peut servir de véhicule à la cristallisation, ou au moins permettre à des molécules étrangères qu'il tient écartées, d'obéir à la force d'attraction qui les sollicite; qu'il peut, en un mot, y avoir des dissolutions ou mieux des suspensions sèches. Ici le sable a servi de véhicule aux molécules de carbonate de chaux, comme dans d'autres cas le carbonate de chaux, l'argile servent de véhicule à la silice, au sulfate de chaux, au fer sulfuré, etc.,

C'est ainsi que se sont formés peut-être les rognons de silex dans la craie et dans presque tous les sédiments calcaires, les meulières, les cristaux de sélénite, les pyrites, l'alun, etc., dans les différentes argiles, sans qu'il soit nécessaire d'avoir recours à des filtrations des dissolvants liquides, à travers des bancs pierreux très épais dans lesquels on devrait trouver la trace du chemin que ces dissolvants auraient suivi, ce qui ne se voit que dans différentes géodes agathiformes dont le mode de formation ne peut être confondu avec celui des substances que je viens de nommer, lesquelles, comme on le sait, occupent des espaces isolés de toute part dans la gangue de nature différente au milieu de laquelle elles ont été formées après coup.

VÉGÉTAUX PÉTRIFIÉS EN PLACE A LA NOUVELLE-HOLLANDE.

Le célèbre et zélé voyageur Péron a fait connaitre et a cherché à expliquer la pétrification qu'éprouvent sur le sol même où elles végètent, les plantes des bords occidentaux de la Nouvelle-Hollande ; des arbres entiers sont incrustés d'abord par une poussière calcaire d'une ténuité extrême qui pénètre peu à peu leurs tissus et les transforme en véritable pierre par une opération qui se continue tous les jours encore, et dont la cause qui remonte sûrement très loin peut avoir produit des effets analogues dans des temps reculés ; peut-être que les arbres verticaux et silicieux que M. de Rozière * a observés et que l'on trouve en si grand nombre avec les pouddings et les sables de la vallée de l'Egarement, dans les déserts voisins de Suez, et qui, dit-on, ont conservé leurs formes, leurs tissus, et quelquefois leur situation naturelle, ont été pététrifiés comme ceux des côtes de la Nouvelle-Hollande, et qu'ils ne prouvent pas plus que ces derniers une irruption marine.

Le fait signalé par Péron est un des plus remarquables pour l'histoire de la fossilisation, en ce qu'il démontre d'abord que, dans quelques cas très rares, les corps organisés ont pu changer de nature sans avoir été immergés dans un liquide, et en second lieu que cette opération de la nature n'a pas cessé d'être possible, résultat positif qu'il est bon d'opposer à l'assertion négative, et selon moi très hasardée, que maintenant il ne se fait plus de fossiles.

ROCHERS ÉLEVÉS ET CALCAIRE D'EAU DOUCE PERCÉS PAR DES MOLLUSQUES LITHOPHAGES MARINS.

On a déjà recueilli un assez grand nombre d'observations relatives à des roches percées par des pholades, et qui se voient aujourd'hui, ou de beaucoup au-dessus du

---

* Constitution physique de l'Égypte, pag. 252 et 253. (Grand ouvrage d'Égypte.)

niveau de la mer, ou bien recouvertes par des dépôts marins plus récents.

On trouve dans les ouvrages de Brocchi, de Baldassari, Soldani, Breislack et Boves, la relation de pareils faits que ces auteurs ont observés en Italie et en Espagne; moi-même j'ai eu l'occasion de rapporter qu'auprès de Vienne en Autriche et dans le bassin situé au sud de cette ville, sur le promontoire situé entre la petite vallée d'Hirtenberg et l'anse rentrant d'Enselzfeld *, on voit à environ deux cents pieds au-dessus du niveau du Danube et à huit ou dix pieds plus haut que les derniers dépôts tertiaires qui s'appuient sur les bancs presque verticaux de calcaire secondaire, ceux-ci qui formaient l'ancien rivage, être arrondis et corrodés comme le sont les rochers battus par les vagues de la mer, et percés sur une épaisseur de plusieurs pieds par des pholades dont on trouve encore quelquefois les coquilles dans les cavités. Un peu plus bas, les mêmes rochers sont intacts et leurs formes sont anguleuses; l'horizontalité parfaite des terrains tertiaires qui reposent en superposition contrastante sur le calcaire ancien perforé, s'oppose à ce que l'on voie dans cette position élevée l'effet d'un dérangement quelconque; mais ce fait, comme ceux rapportés par les auteurs que j'ai cités, appuie seulement l'opinion bien établie que la mer a occupé des points élevés qu'elle a abandonnés depuis; il n'indique pas que ces rochers avaient été précédemment exposés à l'air, seulement on pourrait en tirer avec raison la conséquence que la mer est restée stationnaire à cet ancien niveau, et que son abaissement n'a pas été continuement gradué, puisque les pholades ne se voient pas dans une limite de plus de huit à dix pieds, et que les rochers qui sont au-dessous ne paraissent pas avoir été battus par les vagues. Pour que l'on puisse en induire des irruptions, il faudrait trou-

---

* Journal de Physique. Novembre 1820.

ver de semblables marques au-dessus d'un sol terrestre
ou d'un terrain véritablement lacustre plus ancien et en
place ; c'est aussi ce que l'on a cru avoir trouvé à Valmondois, près Pontoise, où M. Deshayes a effectivement,
rencontré du calcaire d'eau douce percé par des pholades [*],
observation certainement très-curieuse, et dont ce naturaliste, qui avait pour but de décrire spécialement les coquilles de mollusques perforans, n'a pas tiré des conséquences géologiques contraires à l'idée que je veux
émettre, puisqu'il a parfaitement remarqué que ce calcaire lacustre perforé était en fragmens et hors place.
Cependant plusieurs géologues ont cru voir dans ce fait
un nouveau témoignage d'une irruption des mers sur un
sol précédemment occupé par des eaux douces.

J'ai dû visiter avec soin la localité remarquable de
Valmondois, et j'ai reconnu, comme M. Deshayes l'avait
indiqué, que le calcaire d'eau douce est en fragments
roulés comme la plupart des coquilles marines du même
lieu, et qu'on ne peut assurer que ce dépôt, qui annonce
un ancien rivage, soit antérieur à nos derniers dépôts
marins. Les fragments de calcaire d'eau douce sont là
comme les fragments de granit de Bourgogne dans le lit de
la Seine ; ils peuvent provenir des formations lacustres
qui sont en place dans les hauts bassins de l'Auvergne :
ce sont eux qui sont venus se placer dans la mer, et ce n'est
pas celle-ci qui est venue les recouvrir.

J'ajouterai que dans l'argile que, dans ma *Description
des côtes de Normandie*, j'ai désignée sous le nom d'argile d'Honfleur (*Kimmeridge clay* des Anglais), on trouve,
depuis le cap de la Hève jusqu'à Honfleur et Villerville, de
l'autre côté de l'embouchure de la Seine, c'est-à-dire sur
une étendue de plus de six lieues, au milieu des bancs
nombreux dont se compose cette formation, un petit lit

---

[*] Mémoires de la Société d'Histoire naturelle de Paris. t. 1, p. 245.

constant de galets d'un calcaire marneux bleuâtre, qui ont été tous percés et sur toutes leurs faces par des pholades. Ces galets n'ont pas plus de deux à trois pouces de diamètre, et il n'y en a en général qu'un seul pour l'épaisseur du lit. Il me semble évident que ces fragmens ne sont pas à la place où ils ont été roulés et perforés : ces deux opérations successives ont eu lieu sur des rivages d'où probablement une cause violente aura enlevé les galets pour les étendre sur un fond de mer ; car le nombre des couches de la même formation qui recouvrent verticalement le banc que je viens de signaler, annonce dans ce point des eaux de plusieurs centaines de mètres de profondeur, circonstance qui ne paraît nullement convenir à l'habitation des pholades.

Bien plus, le calcaire d'eau douce perforé, fût-il en bancs puissans qui n'auraient pas été dérangés, on pourrait le regarder comme un dépôt formé par des eaux douces au point de leur déversement dans le bassin des mers, et ainsi au-dessous du niveau de celles-ci.

Il me reste encore à lever une objection qui paraît puissante à quelques partisants du système des irruptions et retraites alternatives des mers : c'est celle qu'offrent les ruines du temple de Sérapis, près Pouzzoles, dans lequel on trouve des colonnes encore debout qui ont été percées jusqu'à la hauteur de seize pieds au-dessus du sol par des mollusques perforans. La mer, dit-on avec raison, n'était pas dans ce lieu lorsque le temple a été construit ; elle y est venue, puisque les colonnes portent le témoignage de sa présence et de son séjour prolongé ; elle n'y est plus maintenant : donc il y a eu dans ce lieu au moins une irruption avec séjour prolongé, puis une retraite : tel est le raisonnement spécieux que l'on fait ; mais, comme on l'a déjà fait observer tant de fois, la nature volcanique du sol sur lequel repose le temple, qui est au pied de la solfatare, permet de croire à des affaissemens et à des soulèvemens que l'on ne sera pas tenté d'invoquer pour expli-

quer la formation des terrains parisiens par exemple ;
et comme l'immersion des parties inférieures du monu-
ment a dû avoir lieu depuis le règne de Septime-Sévère
et de Marc-Aurèle qui l'ont fait restaurer, comme on le
sait, si elle n'eût pas été produite par une cause locale, elle
aurait donné lieu à des phénomènes généraux dont nous
aurions une connaissance positive.

EMPREINTES DE PIEDS HUMAINS ET DE PATTES DE TORTUES SUR DES ROCHES ANCIENNES.

On vient d'annoncer récemment la découverte en Écosse,
dans le comté de Dumfries, d'empreintes de pattes de tortues à la surface de bancs solides de grès rouge ancien ou
nouveau grès rouge. Les premiers renseignements qui me
sont parvenus désignaient ces empreintes comme celles de
pattes de tortues terrestres, et on les regardait comme la
preuve incontestable désormais de la mise à sec du grès
rouge dans cette contrée avant le dépôt de la formation qui
lui a succédé. Depuis, mes démarches auprès de plusieurs
géologues qui ont vu les échantillons, n'ont pu me conduire
à savoir positivement si les empreintes indiquées sont
celles de tortues terrestres ou de tortues aquatiques, dont
les extrémités doivent cependant, comme on le sait, laisser
des traces toutes différentes. Un observateur m'a assuré
que les mêmes impressions peu nettes se voient à la surface de plusieurs bancs superposés, ce qui compliquerait
singulièrement la question et multiplierait les retraites et
les irruptions de la mer à cette époque ; car si l'on suppose
que les tortues de terre ont marché sur le banc le plus
profond mis à sec, celui-ci a dû être recouvert par les
eaux pour que le second banc ait pu être déposé ; ce banc
n'aurait reçu les empreintes qu'après avoir été découvert
lui-même et ainsi pour chaque banc.

Dans cette incertitude, je me contenterai de demander,

1° si véritablement plusieurs bancs sont couverts d'empreintes ; 2° si celui qui a été particulièrement observé était immédiatement sous-posé à des formations plus récentes ; 3° si les empreintes sont celles de tortues aquatiques ou terrestres, et même avant tout peut-être si ce sont bien des empreintes d'un animal qui aurait marché.

Je ne pense pas au surplus qu'il soit impossible qu'un animal terrestre et même que l'homme ait laissé les traces de son pied sur des roches de sédiment, sans qu'il fallût en conclure ni des dessèchements et des immersions alternatives du même sol, ni que le phènomène a eu lieu peu de temps après la formation de la roche impressionnée.

Un fait rapporté dans le *Journal de Physique pour décembre* 1822 me mettra à même de développer mon idée. M. H. R. Schoolcraft rend compte de la découverte d'empreintes de deux pieds humains parfaitement distincts, moulés en creux, et telles qu'elles auraient pu être produites par un homme debout : elles se voient sur une roche calcaire très dure qui borde les rives du Mississipi, en avant de la ville de Saint-Louis ; cette roche, disposée en bancs horizontaux, fait la base de toute la contrée, et elle appartiendrait, suivant l'auteur, aux terrains secondaires. Parmi les fossiles qu'elle renferme, il cite des encrinites. Tous les observateurs qui ont examiné l'échantillon que le R. F. Rappe a fait extraire et transporter à Harmony sur le Wabash, conviennent que les dimensions de ces empreintes, la forme du talon, celle des doigts et des muscles, ne laissent aucun doute sur la représentation de pieds humains, qui n'ont pu être ainsi figurés que par la pression de pieds nus sur une pierre molle, à moins que ce ne soit l'ouvrage d'un artiste du plus grand mérite ; mais cette dernière supposition paraît être hors de toute vraisemblance, car on raconte que les empreintes ont été observées à l'époque la plus ancienne où les Européens aient pénétré dans le pays pour s'y établir, et en outre on cite plusieurs faits analogues recueillis, 1° entre l'atterrage Esopus et Kington sur le Hudson ; 2° dans la cité même de Washington, et 3° dans la ville d'Herculanum, comté de Jefferson en Myssoury; dans ce dernier lieu, les empreintes paraissent être celles de pieds avec des chaussures indiennes.

Le colonel Benton, qui a examiné également le fait communiqué par M. Schoolcraft, dit avoir vu cent fois ces empreintes de pied d'homme dont il a admiré la netteté, et il pense qu'elles ne peuvent être que l'ouvrage de la main des hommes ; les seuls motifs sur lesquels il se fonde pour repousser l'idée que la pierre ait pu recevoir et conserver l'empreinte de pieds humains, sont 1° la dureté de la pierre; 2° la difficulté de supposer un changement si à propos et si instantané que celui qui aurait dû avoir lieu dans la formation de la roche, si l'impression avait eu lieu quand elle était assez molle pour recevoir des traces aussi nettes et aussi profondes ; 3° le manque de traces qui y mènent et qui en sortent. Bien que nous ne croyions pas ces raisons suffisantes pour appuyer l'opinion du colonel Th. Benton, nous sommes loin de croire, avec M. N. R. Schoolcraft, en admettant comme prouvé que les empreintes ont été faites par la station d'un homme sur une roche molle, que ce fait puisse, comme il le dit, « suggé-« rer des idées nouvelles pour l'histoire naturelle des « roches stratifiées, et particulièrement sur l'âge et le ca-« ractère géologique de la vallée de Mississipi. »

Il ne nous paraît pas que ces empreintes puissent être, comme il le fait, assimilées à des fossiles dont la présence dans les roches peut indiquer l'ancienneté relative de formation de celle-ci, ou bien peut démontrer que les êtres organisés dont les vestiges ont été conservés existaient à une époque antérieure à la formation de la roche.

En définitive, voici les principales considérations par lesquelles je crois pouvoir répondre aux conséquences que l'on pourrait déduire et de l'existence d'empreintes de pattes de tortues sur des bancs de grès rouge, et de celles

de pieds humains sur un calcaire à encrinites, soit pour
appuyer le système d'irruptions marines anciennes, soit
pour établir que l'homme et les tortues existaient antérieurement et à l'époque de la formation du calcaire secondaire et de celle du grès rouge.

1° Les formations anciennes n'ont pas été recouvertes
par les plus récentes sur tous les points ;

2° Les roches de sédiment proprement dit, dont les
parties agrégées ne sont pas réunies par un ciment cristallisé, ont dû et doivent conserver un état de mollesse,
quelle que soit l'ancienneté de leur origine, tant qu'elles
restent submergées et non recouvertes ;

3° La dureté des argiles, des calcaires, des grès, est la
suite de leur mise à sec, l'effet du desséchement et peut-
être d'une action chimique postérieure ;

4° L'abaissement des eaux de la mer pourra découvrir
la surface de sédiments de tous les âges, qui tous seront
dans le premier moment assez mous pour recevoir des empreintes qu'ils conserveront en devenant solides ;

5° Il n'y aura aucun rapport entre l'ancienneté de la
roche et l'époque où elle aura reçu l'impression quelconque que présentera sa surface ;

6° Enfin cette époque pourra, dans tous les cas, être
postérieure au dernier abaissement des eaux, quel que soit
l'âge de la roche, à moins toutefois qu'immédiatement
au-dessus des empreintes on ne trouve des sédiments réguliers qui auraient été déposés postérieurement.

CAVERNES A OSSEMENTS, BRÈCHES OSSEUSES, DILUVIUM.

Je réunis ici ces trois ordres de faits géologiques, parce
qu'ils me paraissent avoir beaucoup de rapports entre
eux quant à la nature des causes dont ils sont les effets et
à l'époque où ils ont eu lieu, et aussi pour faire observer
que si quelques uns pouvaient être apportés comme

preuve, qu'au moins une fois les terres habitées ont été universellement inondées et que les animaux terrestres ont été détruits sur le sol qu'ils habitaient, aucun de ces mêmes faits ne prouve un séjour prolongé des mers, une véritable irruption sur des continents précédemment mis à sec. Car, en y réfléchissant bien, on verra que nous pouvons tout au plus conjecturer, d'après les seuls documents que nous fournissent les cavernes à ossements, les brèches osseuses et ce que l'on appelle le diluvium, qu'à une époque à laquelle nous pouvons jusqu'à un certain point chronologiquement remonter, une violente catastrophe et passagère inondation semble avoir dévasté et englouti des pays alors habités, sans que nous puissions affirmer en même temps que ces pays étaient exactement les mêmes que ceux de l'époque actuelle, dont, au contraire, à mon avis, les parties basses au moins ne paraissent avoir été découvertes qu'à la suite de ce grand et dernier événement.

On sait que non-seulement le fond de nos vallées, mais nos plaines élevées et le sommet de nos collines jusqu'à une assez grande hauteur, sont couverts de terrains meubles, de marne tendre, de sable, de gravier, de cailloux roulés qui renferment, accompagnent ou recouvrent presque partout les ossements de grands animaux mammifères, dont plusieurs appartenaient à des races perdues ; des fentes verticales de rochers anciens, depuis la pointe de Gibraltar jusqu'au fond de la Méditerranée, sont remplies d'un ciment terreux rougeâtre presque partout semblable, qui a aggluviné les débris osseux d'animaux ou inconnus ou analogues, à plusieurs de ceux qui habitent maintenant des contrées éloignées du point où on les trouve ; enfin le sol de l'Allemagne, de la France, de l'Angleterre et de beaucoup d'autres lieux qui ont été moins étudiés, est percé de spacieuses cavernes dont les anfractuosités irrégulières sont remplies des innombrables dépouilles de divers carnassiers, de

pachydermes, de ruminants, etc. ; et d'après quelques
signes particuliers, on a cru pouvoir avancer positivement
que dans certaines de ces cavernes, comme dans celle
de Kirkdale, dans le comté d'Yorck, les hyènes, dont cette
dernière recèle les nombreux squelettes, y auraient vécu
habituellement, et que ce serait ces animaux qui auraient
entraîné dans leurs repaires les os d'éléphants, de rhinocéros, d'hippopotames, de chevaux, de bœufs, de cerfs,
dont plusieurs portent des marques sensibles de la dent
des carnassiers. On a fortement encore appuyé cette supposition sur la découverte d'excréments d'hyènes dans le
terreau des cavernes, et sur ce que dans quelques endroits
la surface du sol est comme battue et polie par le pied
des animaux qui, dit-on, passaient et repassaient journellement sur cette surface. Si ces derniers indices observés par le professeur Buckland, auquel l'on doit la
description de la caverne de Kirkdale *, ne peuvent être
révoqués en doute, et s'ils indiquent une suite d'actions
qui auraient eu lieu sur un point de nos continents, moins
élevé que ceux où l'on verrait des *dépots marins réguliers
et plus récemment formés*, il faudrait sans doute en infé-
rer que la mer, pour cette fois, est venue recouvrir un
sol habité auparavant; mais jusqu'à présent nous sommes
loin d'être contraints d'arriver à cette conclusion.

Pour n'être pas entraînés à confondre deux ordres de
faits entièrement différents, et pour éviter que l'on ne
vienne à tirer de circonstances toutes simples et exception-
nelles des conséquences extraordinaires et générales, je ferai remarquer que les mêmes antres, d'abord inhabitables,
ont pu devenir habitables plus tard, après l'accumulation
du dépôt osseux qui a fait disparaître, en les remplissant,
les anfractuosités du sol originaire, et après que le dernier abaissement des eaux a eu lieu.

---

* *Kœliquiæ diluvianæ.*

En effet, en ne s'en rapportant qu'aux descriptions et aux figures données par le célèbre professeur d'Oxford dans ses *Reliquæ diluvianæ*, on peut se convaincre que la forme du fond primitif de presque toutes les cavernes qui ont été observées tant en Allemagne qu'en Angleterre et en France, ne peut nullement se concilier avec l'idée que des animaux terrestres ont pu vivre dans de semblables cavités, avant que l'introduction du limon rempli d'ossement soit venu, pour ainsi dire, leur préparer un gîte convenable en nivelant le plancher de celle des chambres qui n'ont pas été remplies entièrement, et qui, placées souvent à des étages très différents, ne communiquent entre elles que par des passages extrêmement étroits et sinueux, et quelquefois tellement inclinés, que l'on ne peut passer encore aujourd'hui de l'une dans l'autre qu'avec beaucoup de difficultés, soit en pratiquant des escaliers, soit en se servant d'échelles. D'un autre côté, la manière d'être des dépôts ossifères qui remplissent en partie ces cavités, leur épaisseur considérable sur certains points, le mélange des os de plusieurs espèces différentes et d'individus de tous les âges, les sédiments argileux, le sable, le gravier et les cailloux qui les accompagnent, qui les enveloppent et qui comblent entièrement et jusqu'au toit quelques-unes des galeries, ne permettent pas de douter que, dans le plus grand nombre de cas, les ossements n'aient été amenés et introduits par des eaux courantes qui auraient traversé les cavernes, soit continuellement, soit à des époques périodiques ou irrégulières lors de l'inondation des lieux élevés, par suite de débordement de fleuves, ou après la rupture des digues de lacs supérieurs. Eh! qui empêcherait que dans tous les cas que l'on peut supposer, des os en partie rongés et même des excréments, n'aient été charriés avec les squelettes entiers, le gravier et la vase qui les accompagnent, qui s'oppose même à ce qu'à une époque moins éloignée des temps actuels et après que le sol des cavernes aurait, selon moi, été mis à sec pour la première et la seule fois, événement qui, comme je l'ai dit précédemment, a peut-être suivi immédiatement celui qui les avait rempli; qui s'oppose, dis-je, à ce que des animaux sauvages de l'espèce de ceux qui n'avaient pu échapper au désastre, aient choisi pour retraite celles de ces ouvertures qui ne se trouvaient pas comblées totalement? Aujourd'hui des ours ne peuvent-ils pas se retirer et périr dans les cavernes de Franconie, et des renards ne peuvent-ils pas choisir encore pour tanière les cavernes de Kirkdale, et après un long temps ne pourrait-on pas être exposé, si l'on n'était pas prévenu, à confondre, sous le rapport géologique, les ossements de ces derniers ours et de ces renards avec ceux des races antiques d'ours et d'hyènes sur lesquels ils reposeraient par des causes bien différentes?,

Il est certes évident que les animaux qui, par leur marche ont poli la surface du sol dans quelques parties de la caverne de Kirkdale, ont vécu après ceux dont les ossements avaient été précédemment enfouis; et comme il s'est nécessairement écoulé un temps quelconque entre l'enfouissement des uns et la marche des autres, ce temps peut avoir été de plusieurs siècles aussi bien que de quelques années, et entre les deux époques a pu avoir lieu l'événement qui a mis à sec la caverne. Si cet incident appartenait à la période pendant laquelle les ossements ont été introduits dans les cavernes, on retrouverait le même phénomène sur chaque couche d'ossements, car les accumulations des dépouilles de générations successivement détruites, ne pourraient former que des amas stratifiés dont chaque feuillet aurait été un sol à son tour. Cependant, telle ne paraît pas être la disposition des ossements dans quelques-uns des cas; je sais que l'on répond à cette objection en disant que ceux-ci accumulés pendant un grand nombre d'années, ont été repris, remaniés après par les eaux diluviennes, qui ont en même temps introduit le gravier et l'argile; mais alors il est tout aussi facile d'y faire arriver les ossements dans le même moment; et même, si on adopte la supposition que je combats, il faudra arriver à la conséquence que j'ai tirée d'abord, c'est-à-dire que le dépôt ossifère et la marche des animaux qui ont poli le sol, ont eu lieu à deux époques séparées par le phénomène diluvien. La présence des excréments d'hyène dans les cavernes d'Angleterre, fait que M. Marcel de Serres a également observé dans celles de Lunel-Viel, près de Montpellier, et dans ce lieu, au milieu du gravier et des cailloux roulés, ne prouve pas davantage en faveur de l'opinion que les animaux ont vécu dans les cavernes, car les excréments ont pu être entraînés aussi bien que les ossements et le gravier.

Une autre observation à faire, et qui peut jeter un grand jour sur la question, c'est que dans les diverses cavernes qui ont été examinées, le toit et le plancher *actuel* sont presque toujours recouverts par des stalactites et des stalagmites de chaux carbonatée; or cette production qui suppose filtration d'un liquide chargé de de molécules calcaires qu'il abandonne en s'évaporant soit à la voûte, soit sur le sol d'une cavité *seulement remplie d'air*, paraît n'avoir commencé qu'après l'époque de l'introduction des ossements dans la plupart des grottes, ainsi que les figures qui ont été données l'indiquent suffisamment, comme si ces grottes jusque-là n'avaient pas cessé d'être remplies ou lavées par un liquide quelconque, dont la présence ne permettait pas au dépôt stalactiforme de se faire. Si les stalactites et les stalagmites s'étaient formées dans le gîte d'animaux carnassiers qui, comme on le suppose, périssaient successivement, tous les ossements de ceux-ci reposeraient sur un premier lit de stalagmites; et ils auraient continué à être cimentés fortement; mais ce cas est rare et ne se voit que près des parois et à la surface du dépôt, ce qui est encore tout naturel, parce qu'après que les cavernes ont été mises à sec, les premières stalagmites ont pénétré le sol meuble jusqu'à une certaine profondeur, et elles l'ont recouvert d'une sorte de croûte solide qui a acquis plus d'épaisseur le long des murs et dans les points où il existait des fissures ou des fentes, etc.   .

Cherchant toujours, autant qu'il m'est possible, à me rendre compte des événements passés, en comparant leurs effets à ceux qui se passent sous nos yeux, ou au moins à ceux qui, dans l'ordre des probabilités, pourraient naturellement avoir lieu, il me semble facile de pouvoir trouver encore ici dans l'histoire des temps actuels des exemples applicables à ces phénomènes des temps anciens. Ainsi lorsqu'aujourd'hui même je vois, en Carniole, en Angleterre, en France et sur presque tous les points de la terre, des cours d'eau considérables qui vont s'engouffrer et se perdre dans des cavernes profondes, presqu'en tous points semblables à celles aujourd'hui à sec qui renferment les ossements, non-seulement par leurs formes, mais aussi par la nature des roches et des terrains dans lesquels elles sont creusées, je ne doute pas qu'il n'existe de semblables gouffres sous le lit de la mer; je me représente alors les cavernes à ossements comme des cavités analogues qui avaient leur ouverture, soit sur le cours des anciens fleuves, soit sur le fond des anciens lacs, soit enfin sur celui des anciennes mers ; d'un autre côté, l'expérience de chaque jour m'apprend que les cours d'eau charient sans cesse avec des sédiments terreux tous les corps flottants que le hasard fait tomber dans leur lit ; que dans le moment actuel, un cheval, un mouton ou tout autre animal tombe dans le Rhône au-dessus de ce que l'on appelle la perte de ce fleuve près du fort de l'Ecluse ; le cadavre suivra nécessairement la direction des eaux, et avec elles il pénétrera dans les cavernes où elles vont s'engouffrer ; il ira se joindre, après avoir été ballotté de mille manières, au fond de quelque anfractuosité à d'autres débris de corps organisés qui l'auront précédé et qui auront pu s'y accumuler en grand nombre pendant une suite de siècles, et bientôt il sera recouvert lui-même et par des sédiments et par les squelettes de plusieurs sortes d'animaux qui y seront portés après lui de la même manière. Je ne relate ici et à dessein qu'un effet simple résultant d'une cause continue et qui peut agir pendant une longue série d'années; mais pour étendre ma comparaison et pour la rendre applicable à un plus grand nombre de cas, qu'une fonte subite de neige dans les montagnes, que des pluies abondantes viennent enfler tout-à-coup les eaux du Rhône que j'ai pris pour exemple; que, par un accident qui n'est pas impossible, le lac de Genève rompant ses digues, il en résulte une débâcle violente qui inonde et ravage passagèrement toute la contrée inférieure jusqu'à la Méditerranée; qui ne voit, sans qu'il soit nécessaire de le faire ressortir, toutes les suites de cette révolution grande, mais locale? La destruction d'un grand nombre d'hommes et d'animaux, le transport de leurs dépouilles par les eaux impétueuses, leur accumulation avec des sables, des galets, des terres de toute espèce, non-seulement dans les cavernes existantes sur le trajet, dans les fentes des rochers, mais dans les vallées, sur les plaines élevées, et contre le flanc des collines opposées au courant, et enfin l'entraînement de la plus grande partie de ces débris du sol terrestre jusque dans le bassin de la Méditerranée dont les eaux n'auraient pas besoin de changer de niveau pour les recouvrir plus tard de sédiments marins. Ou je me trompe beaucoup, ou bien l'on peut trouver dans ce tableau rapide d'événements possibles, de nombreuses applications à faire aux phénomènes que présentent non-seulement les cavernes à ossements, mais les brèches osseuses et tous les dépôts *diluviens*. Avant que d'abandonner ma comparaison, je noterai encore que, si par une cause semblable à celle qui évidemment a mis à sec le sol que nous habitons, l'abaissement de la Méditerranée venait à succéder à l'inondation supposée dont je viens de décrire les effets, la portion de son lit que la mer abandonnerait offrirait à l'observateur une disposition comparable, selon moi, à celle que présentent nos terrains tertiaires, tandis que, comme on le prévoit, toute la contrée située entre Genève et Marseille laisserait voir ce que l'on devrait retrouver sous nos derniers terrains marins, dans le cas d'irruptions de la mer, c'est-à-dire les indices d'un sol précédemment habité et que des terrains meubles plus récents et formés par les eaux auraient recouvert; et encore on voit que, dans la supposition que j'ai faite, de pareils indices pourraient se rencontrer sans qu'ils annonçassent nécessairement une véritable irruption marine, puisqu'un déluge partiel causé par des eaux continentales aurait pu produire le résultat mentionné.

Quelle force n'acquèreraient pas les diverses conjectures exposées dans le dernier paragraphe, si, revenant à l'histoire particulière de la caverne de Kirkdale et des localités environnantes, on faisait la remarque que, dans la la vallée où est placée l'ouverture de la caverne, la petite rivière de Hodge-Bridge va se perdre encore dans une cavité analogue, et qu'ainsi se reproduisent, sur une petite échelle sans doute, les phénomènes qui ont eu lieu précédemment dans la caverne aujourd'hui à sec, lorsque le même cours d'eau peut-être, mais seulement plus volumineux, la traversait en partie.

M. Bertrand Geslin a été conduit par l'examen de la célèbre caverne d'Adelberg en Carniole et par celle de Banwell en Angleterre qu'il a visitée également, à penser que les ossements ont été entraînés avec le limon qui les enveloppe, et souvent introduits par des fentes verticales ou par des puits qui sont encore en partie remplis par une brèche osseuse semblable à celle que renferment les fentes des rochers des bords de la Méditerranée*. Le même rap-

---

* Annales des Sciences naturelles. (Avril et octobre 1826.)

port géologique entre le phénomène des brèches et celui des cavernes à ossements du midi de la France, vient d'être établi de nouveau sur un grand nombre d'observations importantes par M. Marcel de Serres*, qui a cherché à faire ressortir toutes les difficultés qui se présentent contre l'hypothèse que la plupart des cavernes ont servi de repaire aux animaux carnassiers dont elles contiennent les ossements. Cette dernière opinion, au surplus, pourrait être fondée, qu'elle n'entraînerait, en aucune manière, à trouver dans les faits que présentent les cavernes à ossements, les preuves d'une irruption marine sur les terres qui sont aujourd'hui nos continents. Quelques-uns de ces faits pourraient seulement faire naître l'idée d'inondations passagères causées par le gonflement et le débordement des eaux fluviatiles ou lacustres qui se seraient introduites momentanément dans des cavités du sol déjà découvert, et y auraient apporté le limon, les cailloux roulés et les coquilles terrestres (*Bulimus decolatus, Cyclostoma elegans*, Marcel de Serres) que l'on trouve avec les ossements.

EXEMPLES DE TERRE VÉGÉTALE RECOUVERTE PAR DES SÉDIMENTS FORMANT DES BANCS RÉGULIERS.

De pareils exemples sembleraient prouver l'inondation d'un sol continental, et répondre au moins en partie aux objections que j'ai cherché à faire valoir contre le système des irruptions et retraites des eaux, s'il n'était pas possible de faire voir que des faits de ce genre peuvent avoir été produits par des causes purement locales et accidentelles qu'il ne faut pas confondre avec les phénomènes généraux qu'on ne peut éviter d'imaginer, pour concevoir que la mer a pu envahir et abandonner à plusieurs reprises

---

* *Idem* (Octobre 1826.)

les mêmes points de la surface du globe. Je me bornerai à rapporter deux observations autour desquelles on pourra par analogie en grouper une foule d'autres à mesure que l'on aura l'occasion de les recueillir.

M. Toulouzan, dans une notice insérée en mai 1826 dans le journal de Marseille, *L'Ami du Bien*, et reproduite dans le *Bulletin général des Sciences*, annonce que, dans la ville même de Marseille, on rencontre sous des couches de poudding en bancs solides et sous un lit puissant d'argile, non-seulement des arbres passés à l'état charbonneux et qui plongent par leurs racines dans un sol végétal, mais encore la trace de chemins et de sentiers qui sillonnaient cet ancien sol sur lequel on a trouvé aussi des restes de construction, du fer forgé, du verre, et jusqu'à des médailles que l'on reconnaît pour appartenir aux premiers temps de la fondation de Marseille. Ces dernières circonstances suffisent sans doute pour que personne ne soit disposé à regarder la formation des argiles et pouddings supérieurs comme annonçant une irruption marine sur un sol où Marseille eût existé déjà, car l'événement postérieur aux temps historiques aurait été accompagné de semblables irruptions sur un grand nombre d'autres points où ses effets auraient été signalés. Lorsque le fait raconté par M. Toulouzan aura été mis hors de doute, on en trouvera l'explication au moyen d'une cause locale, comme la formation d'un lac par le barrage accidentel d'une vallée, ou comme le glissement de quelques bancs anciens sur le sol qui était à leur pied ; mais on ne verra, dans ce fait curieux et important à bien analyser, rien qui puisse se rattacher directement à la question générale qui m'occupe.

Il en est de même de l'observation que j'ai eue l'occasion de constater il y a peu de temps auprès de Montmorency, au bas de la côte rapide qui descend de cette ville au parc de Soisy. En fouillant le sol pour les travaux de la route, on a trouvé un amas considérable de sable jaune,

à peu près au niveau du fond de la vallée, ou au moins
bien plus bas que n'est le gypse exploité tout le long de
cette côte, et après avoir enlevé dans plusieurs points
plus de vingt pieds de ce sable pour le pavage, on a rencontré au-dessous un lit de terre végétale noire non stra-
tifiée, qui contenait des indices du chevelu de plantes et
des coquilles terrestres avec leurs couleurs, semblables à
celles dont les animaux existent encore dans les environs
(*Hélix nemoralis*). La terre végétale, dont l'épaisseur
variait entre un à cinq et six pouces, recouvrait immédiatement des bancs de gypse disloqués et indiquant un
affaissement local dont est résultée une grande cavité d'environ deux cents pieds de long sur soixante de large. En
examinant la localité, on peut se convaincre que cette
cavité a été successivement remplie périodiquement au
moyen des eaux torrentielles qui descendaient du plateau
de la forêt de Montmorency, et ont produit au-dessus du
point où est la fontaine René une large échancrure dans
les sables marins supérieurs auxquels ont été enlevés les
sables portés dans la vallée ; ce qui est le plus remarquable,
c'est que les sables remaniés sont régulièrement stratifiés,
que dans une coupe d'environ quinze pieds d'épaisseur,
ils alternent avec cinq couches d'une argile rougeâtre très
compacte d'environ huit pouces chacune, et que cette argile renferme, avec beaucoup de mica, des cristaux de
chaux sulfatée groupés irrégulièrement. L'argile provient
évidemment de celle qui sert de gangue aux meulières
supérieures et qui forme le sol des *Champeaux* (champs
hauts), et son entraînement par les eaux torrentielles était,
à ce qu'il paraît, périodique. Une circonstance qui pa-
raîtrait minutieuse si elle ne servait pas à nous indiquer
que ces entraînements de sable et d'argile dans la vallée
se sont faits sans que celle-ci ait été inondée, c'est que la
face supérieure des lits d'argile est fendillée, et que les
fentes en forme de coins qu'elle présente sont remplies par
le sable du lit supérieur. Ainsi l'argile avait éprouvé déjà

un retrait en se desséchant lorsque de nouvelles eaux ont apporté le sable ; ainsi cette alternance de bancs d'argile micacée et de sable qui renferment quelquefois des fragments d'huîtres et de cérites, et qu'un voyageur aurait pu prendre pour une formation marine régulière, reposant sur un sol couvert de terre végétale, a été produite probablement par une suite d'orages ou par toute autre cause analogue à l'une de celles qui agissent autour de nous.

RÉSUMÉ ET CONCLUSION DE LA PREMIÈRE PARTIE.

Il me semble résulter de l'examen précédent et des considérations que j'ai successivement exposées, que jusqu'à présent il n'existe réellement aucun fait positif sur lequel puisse s'établir l'opinion que les mêmes points de la surface du globe qui sont maintenant découverts, ont été plusieurs fois alternativement mis à sec et submergés.

Il me paraît au contraire plus facile de soutenir que ceux de ces mêmes points qui constituent les parties basses de nos continents, n'avaient jamais cessé d'être un fond de mer, jusqu'au moment où un événement qui a causé la retraite des eaux leur a permis de recevoir et de nourrir les végétaux et les animaux terrestres dont les générations se sont succédées sans discontinuité depuis cette époque jusqu'à nos jours.

En effet, 1° aucune observation n'a fait voir au-dessous de dépôts étendus et puissants dont on puisse attribuer la formation à la mer, une surface évidemment continentale, c'est-à-dire qui porterait les traces de l'habitation des animaux et de plantes terrestres et celles des influences atmosphériques.

2° Les alternances de dépôts marins et de dépôts d'eau douce ne peuvent prouver une suite d'irruptions et de retraites des mers, puisque dans le même bassin et au même niveau, des sédiments qui renferment des débris d'animaux de la mer se mêlent, se confondent avec d'autres qui ne contiennent que des coquillages fluviatiles, des plantes ou des animaux terrestres, et que des phénomènes analogues ont incontestablement lieu simultanément dans la mer actuelle à l'embouchure des grands fleuve.

Pour appuyer cette assertion, il aurait été nécessaire d'entrer dans des développements et de faire connaître en détail des faits que, pour éviter les répétitions, je renvoie à la quatrième partie de ce Mémoire, dans laquelle je traiterai spécialement de la formation des terrains parisiens ; je m'en réfère pour le moment à l'extrait que j'ai publié dans le *Bulletin de la Société philomatique* (mai et juin 1825), et à ce que j'ai dit précédemment ; j'ajouterai seulement ici et par anticipation, que si l'absence de tous corps marins dans les bancs de sulfate de chaux de la formation gypseuse et dans ceux du calcaire siliceux, semblait à beaucoup de géologues une raison suffisante pour faire repousser l'idée que ces précipités ont eu lieu dans un bassin marin, il resterait une difficulté bien plus insurmontable dans le cas où l'on voudrait attribuer la formation du gypse, par exemple, à des eaux qui, par leur position, auraient occupé des cavités supérieures au niveau des mers ; car alors comment des bancs qui alternent avec le sel pierreux, comme sont les marnes jaunes de la Hutte-au-Garde, les marnes vertes de Montmartre et de Montmorency, renfermeraient-ils une si grande quantité de corps marins, et d'où ceux-ci seraient-ils venus ? Des eaux continentales sur-saturées de sulfate de chaux (peut-être avec un excès d'acide sulfurique) arrivant en abondance dans un golfe, pouvaient bien empêcher que les animaux marins sédentaires vécussent même à une grande distance de l'embouchure du fleuve gypsifère, et par cette raison les dépôts que celui-ci formait ne pouvaient envelopper que les débris des corps qu'il recevait sur son trajet et qu'il portait avec lui ; mais, momentanément, des mouvements de haute mer pouvaient pousser vers cette même embouchure des sédiments argileux avec des coquilles, des dépouilles de crustacés, des tets d'oursins et des os de poissons marins qui venaient interrompre la continuité des précipités purement gypseux, et interposer entre ses bancs cristallins d'autres bancs d'une toute autre nature et d'une toute autre origine.

5° La position verticale de certaines tiges dans quelques bancs des terrains de charbon de terre et de lignite ne saurait indiquer que les végétaux terrestres végétaient

dans le lieu même où l'on trouve ces tiges, et par conséquent qu'ils aient été enfouis en place.

4° Les forêts actuellement sous-marines, en les consi-
dérant comme formées de plantes terrestres encore adhérentes au sol où elles ont pris naissance, ne prouveraient
que l'envahissement local des rivages plus bas que le niveau des mers ou un affaissement de terrain; et alors
elles démontreraient que l'envahissement par la mer d'un
sol précédemment à sec, peut avoir lieu sans que celui-
ci soit dépouillé de tous les végétaux et du terreau qui le
couvraient.

> L'analogie que présentent les forêts sous-marines indique positivement
> combien l'action des eaux eût été peu destructive, et même nulle pour faire
> disparaître les caractères du sol végétal.
>
> Au surplus, comme je l'ai déjà fait remarquer, on ne saurait attribuer
> une action très violente aux trois ou quatre irruptions auxquelles on se croit
> obligé d'avoir recours pour expliquer les alternances des *terrains marins* et
> des *terrains d'eau douce*, et l'anéantissement de races *d'animaux perdus*,
> puisque, d'une part, on convient que les terrains d'eau douce passent aux ter-
> rains marins par des oscillations, par des nuances insensibles, et souvent
> sans que le changement dans les caractères zoologiques des couches soit ac-
> compagné d'un changement dans la nature minéralogique des gangues, et que,
> d'un autre côté, l'on veut que la mer envahissante soit venue recouvrir de ses
> sédiments sans les briser, sans les arrondir et même sans les déplacer, les
> ossements des mammifères qui étaient épars sur le sol (*Voyez les notes* 14,
> 15 et 16).

5° Des arbres peuvent bien avoir été enfouis en place
par des sédiments sur le sol qui les nourrissait ; mais cela
a eu lieu accidentellement et localement par suite du déversement de bassins supérieurs ou par l'augmentation
momentanée du volume des eaux courantes.

6° Les rochers élevés et le calcaire d'eau douce, percés
par des mollusques lithophages marins, n'attestent que le
séjour de la mer à des points plus élevés que son niveau
actuel, puisque le calcaire d'eau douce, fût-il en place,
pourrait être de ceux formés au-dessous des eaux marines par des eaux continentales affluentes.

7⁰ Les empreintes de pieds humains et de tout animal terrestre sur des roches de sédiment, anciennes et maintenant très dures, pourraient avoir été faites à une époque très récente et postérieurement au dernier abaissement des mers qui a mis à découvert nos continents, car les sédiments proprement dits ont dû, quelle que soit leur ancienneté, conserver un état de mollesse tant qu'ils sont restés submergés.

J'ai fait voir précédemment, en parlant des caractères d'une surface continentale, que la présence de la terre végétale et des plantes adhérentes par les racines, n'est pas le seul signe auquel on puisse reconnaître sous des sédiments marins un ancien sol découvert ; et en traçant le tableau des effets présumables d'une irruption de la mer sur des continents habités, j'ai cherché à établir par le raisonnement, qu'il n'était par probable que, quelle que fût la violence d'une irruption, tous les végétaux et leur sol nourricier aient pu être arrachés et entraînés lorsque les cadavres des animaux terrestres seraient restés gisant sur le lieu qu'ils habitaient, et que l'on ne peut supposer avoir été un désert aride. Ces conjectures se trouvent pour ainsi dire transformées en une démonstration par le fait de l'existence de quelques forêts terrestres, que des circonstances locales ont placées au-dessous du niveau de la mer qui les a recouvertes sans déraciner les arbres, car il me semble qu'ici les effets ne peuvent différer beaucoup, que la submersion ait été locale ou qu'elle ait été générale.

Quel que soit le moyen auquel on s'arrête pour rendre compte de la submersion du sol continental aux époques des irruptions supposées des mers, que l'on admette que celles-ci sont sorties de leur lit pour s'élever sur les montagnes, ou bien que l'on regarde comme plus probable que leur niveau restant immobile, les mêmes continents se sont abaissés et élevés à plusieurs reprises ; le phénomène, en dernière analyse, sera toujours comparable dans ses effets à celui qui a fait submerger les forêts actuellement sous-marines. Dans le premier cas, les eaux en s'élevant contre leur propre poids, n'auraient pu être douées d'une grande force progressive ; en débordant de toutes parts, elles se seraient épanchées sans résistance sur les terres horizontales ou sur les plans légèrement montants et même escarpés. Quelle qu'eût été la rapidité de leur élévation si dans ce mouvement ascendant elles avaient pu élever avec elles des troubles, des sables, des graviers, elles auraient déposé ces matières sur le sol demeuré intact, et qui se serait trouvé ainsi protégé en partie contre les causes subséquentes de destruction. On me dira sans doute qu'aucun géologue n'a été tenté d'attribuer une grande puissance destructive aux inondations, mais bien aux retraites qui les ont suivies ; et effectivement lorsque les eaux se précipitent des parties élevées vers les parties basses, qu'elles suivent des pentes rapides, qu'elles quittent de vastes espaces pour s'engouffrer dans des passages étroits, alors seulement elles deviennent des agents puissants de destruction, elles renversent tous les obstacles qui s'opposent à leur marche, accélérée par leur chute et par le poids de leur masse, et le sol qu'elles parcourent peut être profondément sillonné, bouleversé et dépouillé de tout ce qui le couvrait ; mais dans l'hypothèse des irruptions et des retraites alternatives des mers, ce dernier mouvement descendant des eaux n'aurait eu d'action que sur des fonds de mer, et jamais sur des surfaces continentales ; et il ne resterait plus qu'à supposer que les retraites ont fait disparaitre tous les caractères de l'ancien sol terrestre habité que les irruptions précédentes avaient épargnés. On voit de suite que cette supposition applicable un instant peut-être à tous les points de cet ancien sol qui n'aurait pas été recouvert par des sédiments pendant la période de submersion, serait inadmissible pour ceux au-dessus desquels des dépôts marins auraient été formés, et il est incontestable qu'aujourd'hui (toujours en raisonnant d'après ce système des irruptions) l'on devrait retrouver sous les lambeaux de ces derniers, les caractères du sol précédemment continental qu'ils auraient mis à l'abri de la destruction. Dans le second cas, celui où les terres se seraient abaissées pour se plonger dans l'eau, il est encore plus difficile de concevoir la disparition de tous les caractères du sol habité.

8° Enfin, lors même que contre l'opinion que j'ai cherché à appuyer sur des faits, il faudrait admettre que les animaux carnassiers ont vécu dans les cavernes où l'on trouve leurs ossements, rien n'attesterait qu'à une époque postérieure une irruption marine, et bien moins un séjour des eaux, aurait eu lieu sur ce sol supposé habité. Quant aux brèches osseuses, et même au dernier *diluvium* qui, selon moi, appartiennent à la même classe de phénomènes que les cavernes à ossements, ils me semblent avoir été produits par le passage lent et habituel ou par l'introduction rapide et passagère des eaux douces et continentales et non par celle des mers.

DISCUSSION ET CONSÉQUENCE DES RÉSULTATS PRÉCÉDENTS.

Cependant je ne suis pas moins disposé à reconnaitre avec Deluc, avec M. Cuvier, avec le professeur Buckland, qu'un grand nombre de faits géologiques viennent appuyer les traditions historiques de presque tous les peuples, et nous apprendre qu'à une époque, que l'on pourra peut-être fixer par de certains chronomètres physiques, certaines parties des terres découvertes ont été momentanément ravagées par de grandes inondations qui ont sûrement fait périr des milliers d'animaux terrestres et sans doute une grande partie des hommes sur les points où ils étaient établis ; mais ce que je me refuse à regarder comme aussi bien démontré, c'est que le sol bas de nos continents actuels, celui de la France, et plus particulièrement encore celui des environs de Paris était déjà à sec et habité au moment où cette dernière grande catastrophe a eu lieu, et à plus forte raison ce que je ne puis croire (faute de faits positifs), c'est que cette partie du globe que nous habitons ait été précédemment assujettie à des retraites et à des irruptions alternatives des mers jusqu'à trois fois répétées.

Par conséquent, selon moi, les *anoplotherium*, les *palæotherium*, et les autres mammifères qui les accompagnent, de même que les mastodontes les rhinocéros, les éléphants, les bœufs, les cerfs, les chevaux, les hyènes, les ours, les tigres, etc., dont nos plâtres, nos sables, nos marnes et nos cavernes, les fentes de nos rochers et le fond de nos vallées renferment les débris, n'ont pas vécu dans les lieux mêmes où l'on trouve leurs ossements; mais ils habitaient des contrées plus ou moins éloignées d'où ils ont été entraînés, soit pendant une longue suite d'années par des courants habituels, soit par des inondations subites et extraordinaires, et déposés sur un fond de mer ou sur le lit de grands cours d'eau douce aujourd'hui à sec.

Ce résultat diffère peu, comme on le voit, de l'opinion émise par Deluc, ce zélé et scrupuleux observateur qui avait pour principe que « toute explication de phénomène » doit être premièrement d'accord avec les lois générales

» de la nature, et ensuite avec les lois particulières de la
» classe d'objets dont il s'agit*. » Ce savant pensait en
effet que nos continents ont été un fond de mer sur lequel
se passait tout ce qui se passe sur le fond de la mer actuelle,
et il croyait pouvoir se rendre compte de toutes les appa-
rences que présente maintenant la surface du globe en
supposant : « Que d'anciens continents contemporains de
» l'ancienne mer se sont enfoncés au-dessous du niveau
» de son lit, et que la mer, en coulant dans cet espace en-
» foncé, a laissé à sec ce lit ancien qui forme nos con-
» tinents**. »

Le célèbre professeur d'Oxford*** a été conduit à une
conclusion entièrement différente par l'étude spéciale des
phénomènes que le premier il a génériquement appelés
diluviens, puisque, 1° il pense que l'éléphant, le rhinocéros, l'hippopotame, l'hyène, etc. , étaient les habitants
anti-diluviens de la Grande-Bretagne, et qu'ils n'ont pas
été portés dans les régions septentrionales par le courant
diluvien de contrées plus méridionales ou équatoriales;
puisque, 2° il regarde comme une conséquence importante de la disposition des cavernes et des fissures remplies
d'ossements, « que la présente mer et les présentes terres
» n'ont pas changé de place, mais que la surface anti-
» diluvienne, au moins d'une large portion de l'hémis-
» phère nord, était la même qu'à présent. » En effet,
ajoute-t-il avec justesse, en partant de l'opinion qu'il a
adoptée relativement à la caverne de Kirkdale : « Cette
» étendue de terre sèche sur laquelle nous trouvons les
» cavernes et fissures ossifères doit avoir été aussi à sec,
» lorsque les animaux terrestres habitaient les premières

---

* *Lettres physiques et morales sur l'histoire de la terre et de l'homme*,
adressées à la reine d'Angleterre; par J. A. Deluc, tome V, deuxième partie,
lettre 138, p. 474.

** *Idem*. Lettre 137, p. 467.

*** Buckland, *Reliquiæ diluvianæ*, p. 162.

» ou tombaient dans les autres, dans la période qui a pré-
» cédé immédiatement l'inondation par laquelle les races
» de ces animaux ont été extirpées ; d'où il suivrait que
» partout où existent de semblables cavernes et fissures,
» comme dans la plus grande partie de l'Europe, il n'y a
» pas lieu à admettre un échange des surfaces occupées
» respectivement par la terre sèche et les eaux, ainsi que
» des auteurs de la plus grande autorité ont conçu que
» cela avait eu lieu immédiatement après la dernière
» grande révolution géologique par laquelle une univer-
» selle et passagère inondation a affecté la planète que
» nous habitons. »

M. Cuvier, adoptant d'une manière absolue l'opinio nde
Deluc, « que la surface de no tre globe a été victime d'une
» grande et subite révolution dont la date ne peut re-
» monter beaucoup au - delà de cinq ou six mille ans ;
» que cette révolution a enfoncé et fait disparaître les
» pays qu'habitaient auparavant les hommes et les espèces
» des animaux aujourd'hui les plus connus ; qu'elle a au
» contraire mis à sec le fond de la dernière mer et en a
» formé les pays aujourd'hui habités *, » ne rejette
pas cependant l'idée de M. Bukland qui semble tout-
à - fait opposée, c'est-à-dire que les animaux terrestres dont on trouve les ossements dans les cavernes et dans
les terrains diluviens ont vécu dans les contrées mêmes
où sont demeurés leurs cadavres ** après qu'une grande
inondation marine les a eu détruits.

On ne peut se rendre raison de cette contradiction apparente qu'en supposant que les événements n'ont pas
été les mêmes sur tous les points de la surface du globe,
et que, dans le même moment, les effets ont varié comme

---

* Cuvier, *Discours sur les révolutions de la surface du globe*, p. 228, in-8.
** *Idem*, p. 349 ; et Cuvier, *Recherches sur les ossements fossiles*, t. II,
1re partie, p. 222 et 225.

les causes ; c'est ce l'on pourra peut-être mieux concevoir encore en se rappelant que M. Cuvier regarde comme très probable que plusieurs irruptions et retraites alternatives des mers ont transformé plusieurs fois la même contrée en un fond de mer et en un continent.

Aussi , pour donner une idée nette de la complication du problème si intéressant que présente la structure du sol qui nous sert de demeure, M. Cuvier a eu recours à une ingénieuse fiction tellement séduisante que je ne puis me dispenser de la rapporter ici, en hasardant de l'accompagner des considérations qui pourront peut-être la faire cadrer avec mes opinions particulières.

« Supposons, dit cet illustre auteur *, qu'une grande
» irruption de la mer couvre d'un amas de sables ou
» d'autres débris le continent de la Nouvelle-Hollande ,
» elle y enfouira les cadavres des kanguroos, des phasco-
» lomes, des dasyures, des péramèles, des phalangers
» volants, des échidnés et des ornithorhynques, et elle dé-
» truira entièrement les espèces de tous ces genres, puis-
» que, aucun d'eux n'existe maintenant en d'autres pays.»
Mais, dirai-je, ces cadavres des animaux détruits par une cause subite seront alors rassemblés sur la surfac continentale actuelle de la Nouvelle-Hollande avec les arbres, les plantes qui la couvrent ; ils seront placés *sous* les sables et les autres débris apportés par la mer, et jamais *dans* les dépôts réguliers de marne, de cal- caire ou d'autres dépôts des eaux douces d'une grande épaisseur ; ils ne seront pas, comme les anoplothériums et autres fossiles du gypse , par exemple, épars et placés à toute hauteur indistinctement dans les parties inférieures et supérieures d'une formation composée d'un grand nombre de couches successivement et lentement déposées.

« Que cette même révolution mette à sec les petits dé-

---

* Cuvier, *Discours sur les révolutions de la surface du globe,* p. 129.

» troits multipliés qui séparent la Nouvelle-Hollande du
» continent de l'Asie, elle ouvrira un chemin aux élé-
» phants, aux rhinocéros, aux buffles, aux chevaux, aux
» chameaux, aux tigres et à tous les autres quadrupèdes
» asiatiques qui viendront peupler une terre où ils auront
» été auparavant inconnus ; qu'ensuite un naturaliste,
» après avoir bien étudié toute cette nature vivante, s'a-
» vise de fouiller le sol sur lequel elle vit, il y trouvera
» des restes d'êtres tous différents.» (G. Cuvier, *Disc. prél.*)

J'ajouterai qu'il est évident que ce naturaliste se trom-
perait si, d'après une première observation, il décidait que
les éléphants n'ont apparu sur la terre qu'après la disparition des kanguroos, et que ces races différentes appartiennent à des époques distinctes et successives de création ; en
faisant l'application de l'exemple cité par M. Cuvier et des
considérations qui en découlent, aux fossiles des diverses
formations qui se recouvrent, ne serait-on pas conduit à
revenir de nouveau à la thèse soutenue par l'immortel Linné
(*de Telluris habitabilis incremento*) , et à dire que toutes
les plantes et tous les animaux connus, soit à l'état fossile,
soit encore existants, ont pu être réunis en même temps sur
un point du globe d'où les uns et les autres, suivant le développement de certaines circonstances et à des époques
différentes, se seraient inégalement répandus sur les diverses terres précédemment désertes ou autrement habitées. Alors, d'après ce système, les crocodiles auraient
été contemporains des ichthyosaures, les plésiosaures
auraient vécu en même temps que les ancêtres de nos
gavials, et les races de nos bœufs, de nos moutons, de
nos cerfs, de nos chevaux, celles des chameaux, des girafes, des vigognes, celles des nombreuses tribus de singes, et la nôtre elle-même, ne seraient pas moins antiques
que celles des palæotheriums, des lophodions, des mastodontes , des mégalonix. L'absence des vestiges des uns
et la présence de celle des autres, dans les divers terrains
ne seraient qu'une suite de circonstances qui auraient fa-

vorisé ou empêché d'abord leur émigration, et ensuite
leur entraînement sous les eaux : et en effet, dans le moment présent, l'Amérique , l'Afrique, l'Europe , l'Asie et
la Nouvelle-Hollande ne sont-elles pas habitées par des
animaux dont beaucoup sont particuliers à chacune de
ces contrées, sans que l'on puisse établir un ordre d'an-
tériorité en faveur d'aucun, et sans que l'on puisse assurer que la répartition actuelle sera toujours la même
puisque mille causes naturelles peuvent évidemment produire ce que l'homme a fait depuis un petit nombre
d'années, en transportant des chevaux et des bœufs ,
en Amérique où ils étaient inconnus et où ils ont mul-
tiplié au point que maintenant ils peuplent d'immenses
savanes qui , auparavant, n'étaient habitées que par
des tapirs et des cerfs dont les races timides et crain-
tives pourront finir par disparaître comme ont disparu
les mastodontes, les mégathériums, les mégalonix, etc.

De cette manière , et d'après ces réflexions, les rapports observés jusqu'à présent entre les fossiles, et l'ancienneté relative des terrains qui les renferment, pourraient n'être considérés que comme un fait sans généralité
et sans conséquence pour l'histoire philosophique de la
création des êtres.

Cette idée qui, j'en suis certain, paraîtra d'abord singulière, et même subversive des opinions généralement
reçues depuis les progrès récents de la géologie zoologique, découle cependant de la première supposition faite
par M. Cuvier, et elle n'est peut-être pas aussi éloignée
de la vérité que pourront le croire beaucoup de personnes
qui n'oseront s'y arrêter dans la crainte de voir rétro-
grader la science ; comme si la science devait rétrogra-
der parce qu'il faudrait de nouveau douter de ce que l'on
aurait regardé long-temps comme positif, comme s'il
était rationnel et sage d'appliquer, avec assurance, à
toute la surface du globe un ordre de choses qui n'a
réellement été bien observé que dans l'hémisphère boréal

et que sur quelques points qui ne représentent pas la millième partie de cette surface.

Il est certain en fait, par exemple, que les types principaux des animaux de la Nouvelle-Hollande, qui ont paru si étranges, lors de la découverte de cette contrée, qu'on fut presque tenté de considérer celle-ci comme un pays neuf, récemment sorti du sein des eaux et peuplé par une création spéciale d'êtres également nouveaux, ne sont pas moins anciens que les types des animaux de l'Amérique et de l'ancien continent, puisque parmi les mammifères fossiles de l'Europe, on retrouve des didelphes (à Stonesfield près Oxford, à Montmartre, dans le gypse), et que même dans ce dernier lieu M. Cuvier a reconnu dernièrement l'existence d'une espèce dont la mâchoire et les dents peuvent à peine être distinguées de celles du dasyure cynocéphale qui ne se rencontre plus vivant qu'à la terre de Van-Diémen. L'organisation si singulière des échidnés et des ornithorynques n'est sans doute pas plus le fruit de nouvelles combinaisons que celle des ptérodactyles et des ichthyosaures ; tout comme il n'y a aucune raison, à mon avis, pour refuser au hideux et sauvage Australasien, la possibilité de faire remonter sa généalogie tout aussi loin que celle de l'ingénieux naturaliste et spirituel écrivain qui, regardant la Nouvelle-Hollande comme le dernier pays *sorti des eaux*, croit en même temps que ses habitants indigènes *les derniers hommes sortis des mains de la nature, sont plus modernes sur la terre* * que ceux des quatorze autres espèces qu'il s'est plu à distinguer et à caractériser avec beaucoup d'esprit.

« Ce que la Nouvelle-Hollande serait, dans la suppo-
« sition que nous venons de faire, l'Europe, la Sibérie,
« une grande partie de l'Amérique, le sont effectivement ;
« et peut-être trouvera-t-on un jour, quand on exami-

---

* Dictionnaire classique d'Histoire naturelle, art. *Homme.*

« nera les autres contrées et la Nouvelle-Hollande elle-
« même, qu'elles ont toutes éprouvé des révolutions sem-
« blables, je dirais presque des échanges mutuels de pro-
« ductions ; car poussons la supposition plus loin ; après
« ce transport des animaux asiatiques dans la Nouvelle-
« Hollande, admettons une seconde révolution qui dé-
« truise l'Asie, leur patrie primitive ; ceux qui les obser-
« veraient dans la Nouvelle-Hollande, leur seconde pa-
« trie, seraient tout aussi embarrassés de savoir d'où ils
« seraient venus, qu'on peut l'être maintenant pour
« trouver l'origine des nôtres.

« J'applique cette manière de voir à l'espèce humaine.»
(G. Cuvier, *Disc. prél.*)

Cette troisième partie de la supposition faite par M. Cuvier vient à l'appui de ce que j'ai dit précédemment. On
voit même que jusqu'à un certain point l'ordre relatif
d'ancienneté, que l'on aurait observé entre les fossiles
sur une partie de la terre, devrait se présenter dans un
ordre inverse sur d'autres points, en cas d'échange de
productions, et que les fossiles semblables ne caractéri-
seraient pas des terrains de même âge dans des contrées
éloignées les unes des autres ; car, dans l'exemple cité,
les animaux asiatiques, devenus fossiles au moment de la
destruction de l'Asie, seront semblables à ceux qui pourront se perpétuer pendant un nombre indéterminé de siècles sur le sol de la Nouvelle-Hollande envahi par eux ;
et, si une nouvelle révolution aussi facile à imaginer que
les précédentes vient, après dix siècles ou plus, rendre
fossile la génération qui existera alors, ou seulement les
individus qui ne pourront s'échapper sur de nouvelles
terres, ou même sur l'ancienne Asie submergée et remise
à sec pour s'y propager de nouveau, ces fossiles récents de
la Nouvelle-Hollande seront semblables aux fossiles anciens de l'Asie, et, comme on le voit, les mêmes espèces
pourront se trouver en même temps enfouies dans des
terrains d'âge très différents et en même temps vi-

vantes. L'hypothèse que je viens de relater est trop dans les limites permises aux savants qui se livrent de la manière la plus positive aux sciences d'observation, elle est un trop bon moyen logique de grouper des faits réels dont il importe de bien faire sentir les liens, les rapports et toutes les conséquences, pour que j'aie pu négliger de la proposer comme un exemple à suivre et comme une réponse au reproche que l'on pourrait m'adresser de me laisser entraîner trop souvent à des conjectures et à des suppositions pour atteindre le but que je me suis proposé. La géologie est une science et d'observation et de raisonnement, elle n'est pas une science purement descriptive; les descriptions les plus minutieuses de terrains, la distinction des fossiles et de leur gisement, l'étude chimique et physique des minéraux et des roches, celle de leur nomenclature, celle des formes et de l'organisation des êtres, celle des lois auxquelles obéissent les molécules des corps ou qui régissent les masses et le système de l'Univers, ne sont pas isolément de la géologie, mais ces connaissances en sont les éléments, comme l'anatomie, la chimie, la physique, sont ceux de la physiologie, car la géologie est, pour ainsi dire, une sorte de physiologie.

Pour rattacher ce qui précède à la thèse principale que je soutiens, je ne puis me dispenser de faire observer encore qu'il serait possible d'arriver aux mêmes résultats que ceux fournis par l'hypothèse de M. Cuvier, sans admettre aucune irruption marine sur des continents précédemment habités, puis remis de nouveau à sec ; et dans l'espérance d'arriver à la démonstration de ce que j'avance, je ferai à mon tour l'hypothèse suivante qui aura l'avantage de ne faire intervenir aucun effet (tels que les irruptions de la mer) dont la cause serait difficile à expliquer et contraire même aux lois existantes :

Qu'une contrée comme la Nouvelle-Hollande, entourée d'eau de toutes parts, soit habitée par des palæothériums, des anoplothériums, des lophiodons, des didelphes, des oiseaux ; que ses fleuves servent d'asile à des poissons, à des mollusques d'eau douce ; que sur ses rivages habitent des tortues, des crocodiles, etc.; les sédiments que les eaux continentales porteront continuellement dans la mer qui entourera cette grande île ; les nouveaux dépôts dont les vagues enlèveront les matériaux aux falaises escarpées, contiendront les seuls débris de ceux des corps organisés que je viens de désigner, qui se seront trouvé placés dans des circonstances favorables, pour être portés dans le bassin commun.

Qu'un abaissement des mers vienne à mettre l'île en communication par deux isthmes opposés, d'un côté, avec une contrée déserte, de l'autre avec un pays peuplé d'éléphants, de mastodontes, de rhinocéros, de bœufs, de chevaux, de cerfs, d'hyènes, de tigres, d'ours, etc.

Parmi tous ces animaux, les grands pachydermes et les herbivores, harcelés dans leur pays natal par les carnassiers devenus nombreux, trouvant dans le nouveau pays une abondante nourriture et la tranquillité, en feront promptement la conquête, et ils en chasseront bientôt les indigènes qui, troublés par ces hôtes importuns, seront forcés de fuir dans des lieux où peut-être ils ne pourront se propager qu'avec beaucoup de peine, ou bien dans la contrée déserte que l'abaissement supposé des mers leur a ouvert, et qu'ils peupleront d'abord exclusivement.

Alors les nouveaux sédiments formés sur les premiers dans les mêmes lacs, sur le lit des mêmes fleuves, à l'embouchure de ceux-ci, et dans la même mer, pourront renfermer d'abord un mélange de débris provenant des anciens et des nouveaux habitants ; puis ils ne contiendront plus que des os d'éléphants, de mastodontes, de rhinocéros, d'hippopotames, de bœufs, de chevaux, etc. Ces derniers, ainsi que ceux des tigres, des ours, des hyènes, qui n'auraient pas tardé à être attirés et à suivre leurs victimes dans l'émigration, seront rares dans les premiers lits, soit parce que les uns n'auront été forcés d'abandonner leur patrie que lorsque le manque de nourriture se sera fait sentir , soit pour les autres , parce que, n'habitant pas exclusivement les rivages , se plongeant rarement dans l'eau, se retirant dans des antres ou dans le fond des forêts lorsque leur fin naturelle approche, les occasions d'être saisis et entraînés par les courants sont bien moins fréquentes pour eux que pour les pachydermes qui vivent et périssent presque autant dans les eaux que sur la terre.

Enfin, que par une cause naturelle, telle que des pluies extraordinaires , la fonte subite des glaces , de neige , la rupture des digues d'un lac supérieur,etc., toute la contrée basse vienne à être subitement ravagée par des eaux torrentielles qui descendant de tous les points élevés des montagnes , balayant leurs flancs , inondent les vallées, poursuivent, entraînent les animaux terrestres de toute espèce, et après avoir en partie rempli et comblé les fentes et les cavernes qui se trouvent sur leur passage, portent leurs cadavres pêle-mêle avec du gravier, du sable , de la vase, etc., sur tous les points du lit de la mer où s'arrête le mouvement de ces eaux débordées ;

Que ce grand événement soit suivi d'un abaissement nouveau des eaux , le fond de mer qui a reçu successivement les cadavres des palæothériums et des anoplothériums, puis ceux des mastodontes et des éléphants, etc., pendant de longues périodes ; qui vient d'être subitement couverts des débris des terres ravagées par des eaux douces , va faire partie désormais de ces mêmes terres dont il augmentera l'étendue. Celles-ci se trouveront même réunies à d'autres contrées qui, comme elles , étaient jadis des îles ; ces dernières avaient pour habitants d'autres races de chevaux , de cerfs, de bœufs, enfin des hommes qui se répandront successivement et lentement sur ce sol, naguère sous l'eau : d'abord il se desséchera, se couvrira d'une première végétation marécageuse qui , en se détruisant, servira à la nourriture d'une végétation plus riche que pourront brouter les herbivores ; l'établissement de ceux-ci précédera nécessairement l'invasion des nouveaux carnassiers qui n'auront à redouter à leur tour que l'arrivée et la puissance de l'homme, lequel, attiré par le besoin ou la curiosité, poussé par la crainte qu'ils lui inspirent ou par le plaisir de les vaincre, les poursuivra, les chassera dans les déserts arides, tandis que sa provoyance lui fera soumettre à ses soins et à sa discipline les animaux plus doux qui pourront lui fournir abondamment et sans peine de la nourriture et des vêtements ou le seconder dans ses travaux. Devenu maître absolu alors, malgré sa faiblesse et par son industrie, cet être, si débile, si dépourvu de moyens naturels de défense, s'appropriera exclusivement l'ancienne plage ; il la cultivera, lui fera porter de riches récoltes, l'embellira des produits de son génie, mais bientôt aussi il la couvrira des monuments de son orgueil, de sa folie et de sa cruauté s'il ne sait pas se soumettre lui-même à l'empire de la raison et de la philosophie.

Pour ne pas compliquer cette hypothèse, j'ai laissé de côté beaucoup de considérations secondaires, qui auraient pu y trouver une place toute naturelle et que j'aurai l'occasion de développer plus tard, mais sur lesquelles il n'est cependant pas inutile de porter l'attention dès ce moment, pour faire voir que ma supposition n'est pas faite au hasard et qu'elle se rattache à des idées précises. Ainsi, 1º de ce que plusieurs des races d'animaux, tels que les mastodontes, les mégathériums, les mégalonix, plusieurs rhinocéros et hippopotames, le mammouth, etc., dont on trouve les dépouilles dans les terrains supérieurs, n'existent plus aujourd'hui sur les terres connues, il ne faut pas se croire obligé de supposer que l'anéantissement de ces races a été subit, et qu'il a eu lieu par une catastrophe générale au moment où a commencé ce que l'on appelle (sans bien s'entendre peut-être) *l'époque actuelle*. Cette disparition de grandes espèces a pu s'opérer lentement depuis le dernier événement auquel on fait allusion dans toutes les nouvelles théories géologiques, et elle peut avoir été le résultat de causes variées, semblables à celles qui, depuis les temps historiques, ont agi et agissent encore chaque jour, pour amener progressivement la destruction d'espèces autrefois très communes qui sont devenues rares ou même inconnues, comme l'aurochs, l'élan, le rhinocéros, la girafe, le gnou, le bouquetin, l'égagre, le mouflon, les éléphans, les chameaux et dromadaires sauvages, le type des chiens, le tapir, le grand-orang ou le pongo, les lions, les hyènes, les tigres, le dronte, etc. Parmi les causes si nombreuses de la diminution successive du nombre d'individus appartenant aux espèces de grande taille, ou timides ou faciles à atteindre, la multiplication et l'industrie toujours croissantes des hommes doivent être comptées comme une des plus influentes, car le voisinage des sociétés humaines est une condition essentiellement contraire à l'existence et à la conservation de la plupart des mammifères herbivores, et par suite à celle des carnassiers; aussi aurait-il été fort naturel de présumer ce que l'histoire des fossiles nous apprend, c'est que le nombre des mammifères terrestres a été en raison inverse de celui des hommes sur tous les points qui ont été successivement habités.

2° Si certaines espèces sont confinées maintenant dans des lieux déserts, si elles habitent exclusivement ou des régions brûlantes ou des hauteurs inaccessibles, il n'est pas démontré que leur choix est déterminé par leur organisation, ou bien que si elles n'occupent plus les mêmes lieux où vivaient leurs ancêtres, c'est que la température atmosphérique a changé et que les climats ne sont plus les mêmes. Les fossiles ont encore appris que des éléphans, des rhinocéros couverts de longs poils ont dû habiter des régions déjà froides, et que les ancêtres des rennes de Laponie et des lions de l'Afrique ont pu vivre ensemble sur des points peu éloignés, puisque leurs cadavres se trouvent réunis. La distribution actuelle des animaux sur les continens est, en grande partie, la conséquence forcée de l'influence directe de l'homme ou des circonstances qu'il crée. Du temps d'Aristote, les lions n'étaient pas rares en Grèce ; sous les Romains, l'aurochs et l'élan peuplaient les forêts de la Germanie, et l'on sait qu'il y a quelques siècles, la pêche des baleines se faisait dans le canal de la Manche sur les côtes de l'Océan et jusque dans la Méditerranée, tandis qu'aujourd'hui le pêcheurs vont chercher ces grands cétacés sur les côtes du Spitzberg.

3° Depuis la mise à sec de nos continents, nous ne pouvons, en aucune manière suivre la filiation des êtres qui les ont habités avant nous; les les seules archives de cette histoire moderne se trouvent dans les couches formées sous la mer actuelle, et il ne nous est pas encore permis de les fouiller, car il n'y a que les *corps organisés entraînés sous les eaux et couverts par des sédimens imputrescibles qui puissent devenir fossiles*, et tous les habitants d'une terre sèche qui périssent à sa surface, ne laissent, après un certain temps, d'autre trace de leur existence, qu'un peu d'humus et de cendres ; ainsi donc le sol de la France, depuis qu'il est sorti du sein des eaux, aurait pu servir successivement de demeure à des mastodontes, à des éléphans, à des kanguroos, à des ornithorinques même, et par exagération à des hommes semblables aux Australasiens, aux Papous, aux Bochismans, aux Caraïbes, que nous n'en saurions rien, puisque tout ce qui s'est passé sous ce rapport à la surface des terres depuis qu'elles sont découvertes, n'est noté qu'au fond de l'Océan , si l'on en excepte quelques documens historiques qui pourraient nous être fournis par des tourbes, mais qui, bien antiques pour nos historiens, ne datent pour ainsi dire que d'hier pour les géologues.

On doit facilement voir par les explications dans lesquelles je viens d'entrer, et par le grand nombre de suppositions différentes et raisonnables que l'on peut faire pour rendre compte des mêmes faits, que l'histoire des divers états par lesquels a passé la surface de la terre, a besoin d'être approfondie, et qu'il sera encore long-temps difficile de se prononcer définitivement sur celles des explications générales qu'il faudra préférer aux autres. Mais on ne peut douter au moins que des recherches préliminaires sur les causes des phénomènes qui ont lieu autour de nous, pourront nous mettre dans une voie sûre et nous servir de guide dans ce labyrinthe obscur mais non inextricable. Ainsi, pour nous borner à une seule citation, il est évident qu'avant d'admettre ou de rejeter l'hypothèse proposée par Deluc, il faudrait agiter et résoudre des questions d'un haut intérêt, telles que celle des rapports de continuité du sol sous-marin avec le sol découvert ; celle de la probabilité du soulèvement de certaines chaînes de montagnes à une époque postérieure à des dépôts très modernes*, questions pour la solution desquelles on ne possède encore qu'un trop petit nombre d'observations, mais qui pourront être éclairées par l'étude minutieuse et rationnelle des terrains de sédiment. Si, par exemple, dans les dépôts évidemment composés de matières reconnaissables enlevées à des roches préexistantes, entraînées par les eaux courantes, puis abandonnées par elles lorsque leur cours s'est ralenti, on parvenait, au moyen de caractères physiques et compa-

---

* Ceci, qui était écrit avant 1827, faisait allusion aux idées déjà introduites dans la science par MM. *A. Boué*, *Keferstein*, de *Buch*.

ratifs constans, à remonter au point départ des matières enlevées, à suivre pas à pas, depuis leur source, la direction des eaux qui les ont charriées, on pourrait, dans un assez grand nombre de cas, décider si certaines couches de nos continents actuels ont été formées au dépens des parties plus élevées de ces mêmes continents, ou bien, au contraire, aux dépens de sommités qui ont disparu, et qui, aujourd'hui, sont remplacées par les mers.

C'est sous ces divers points de vue que je me suis proposé d'étudier les terrains de sédiment en général, et pour y parvenir, j'ai été conduit à observer avec attention ce qui se passe actuellement sous les eaux, et même à entreprendre de nombreuses expériences directes. J'aurai dans le mémoire suivant l'occasion d'exposer ceux des principaux résultats de mes recherches qui peuvent être utiles pour la question qui m'a occupé dans cette dissertation.

ESSAI

SUR LA

FORMATION DES TERRAINS

DES ENVIRONS

DE PARIS.

LU A L'ACADÉMIE DES SCIENCES EN JUILLET 1827.

Dans le précédent mémoire, je me suis proposé de rechercher, si quelques observations directes tendaient à faire croire, qu'un point quelconque de nos continents, qui déjà aurait éprouvé les influences atmosphériques, et aurait servi d'habitation à des animaux et à des plantes terrestres, a été recouvert par des sédiments marins dont la présence annoncerait un retour de la mer et son séjour long-temps prolongé sur un sol précédemment abandonné par elle.

L'absence de tout caractère positif qui put appuyer cette opinion; d'une autre part, la possibilité d'expliquer dans la supposition contraire, des faits qui, au premier

---

* Cet essai n'est que l'extrait de la 4e Partie d'un travail général que j'ai entrepris depuis long-temps sur le mode de formation des dépôts de sédiment ; et je le reproduis ici tel qu'il a été lu à l'Académie des Sciences, me réservant de traiter bientôt, avec plus de développements, la question de la valeur des caractères paléologiques des formations neptuniennes, en examinant les diverses opinions que plusieurs géologues et zoologistes ont émises, depuis peu, sur cet important sujet.

aspect, semblaient lui être favorables , m'ont paru devoir faire naitre quelques doutes sur la nécessité d'admettre la submersion plusieurs fois répétée des mêmes contrées, comme conséquence rigoureuse de certains faits géologiques.

Ainsi , j'ai essayé de faire remarquer que ni la position verticale de tiges de plantes terrestres au sein des terrains de charbon de terre , ni aucune des circonstances du gisement des cadavres d'animaux mammifères , soit dans les cavernes , soit dans ce qu'on a appelé *diluvium ,* ne pouvaient servir à prouver l'envahissement d'un sol antérieurement habité par la mer.

Il me reste à examiner si l'on peut se rendre compte , par un autre moyen , de la superposition de couches sédimenteuses différentes qui renferment alternativement des débris d'animaux marins et des vestiges de corps organisés qui ont vécu dans des eaux douces ou sur la terre; disposition que présentent, comme on le sait, quelques terrains modernes, et notamment ceux des environs de Paris.

Tel est l'objet principal du présent mémoire; pour arriver au but que je me propose d'atteindre, je suivrai, dans l'exposition des faits et des raisonnements qu'il m'est impossible d'en isoler, une marche analogue à celle par laquelle je suis parvenu à acquérir la conviction que je désire faire partager.

Après avoir étudié, au moyen d'expériences et d'observations, les différentes circonstances sous lesquelles des dépôts peuvent être formés par les eaux , j'ai reconnu que la plupart de ces circonstances impriment aux produits formés sous leur influence des modifications distinctes et constantes, et que par conséquent on peut espérer de rencontrer dans chacune des couches dont se composent les sédiments , des caractères saillants propres à reveler non-seulement l'origine, mais les accidents particuliers de la formation de chaque couche.

Ayant eu plusieurs fois l'occasion de parcourir les côtes de France et celles de l'Angleterre qui lui sont opposées, dans l'intention de constater l'identité de composition géologique des deux rives du canal de la Manche, j'ai profité de mes différentes excursions pour chercher dans les phénomènes actuels de la nature des exemples applicables à des effets dont les causes ont disparu ; c'est ainsi qu'il m'a été facile de m'assurer, d'une part, que le canal de la Manche pouvait par sa configuration et sa disposition générale être assimilé, jusqu'à un certain point, au bassin maintenant à sec, dans lequel se sont déposés les terrains parisiens ; et, d'un autre côté, le raisonnement m'a conduit à ne pas douter que les causes variées que je voyais en action ne produisissent dans les diverses parties du canal actuel des dépôts analogues, par leurs caractères minéralogiques et zoologiques, à ceux plus anciens des terrains tertiaires ; en un mot, après un examen réfléchi de ce qui se passe réellement et pourrait survenir naturellement dans l'espace sous-marin compris entre les côtes de la France et celles de l'Angleterre, je n'ai rencontré aucune difficulté à me rendre compte des faits et des anomalies apparentes que présentent en particulier la constitution géognostique du sol des environs de Paris.

Les nouvelles explications que je puis donner non-seulement des observations précédentes connues, mais encore de celles que j'ai recueillies moi-même, ne peuvent donc pas être regardées comme purement gratuites et hypothétiques, dans le sens défavorable que l'on assigne au mot hypothèse ; je ne prétends pas non plus les faire considérer comme définitives et irrévocablement vraies ; la découverte de nouveaux faits pourra les rendre insuffisantes : car, je sais bien que les géologues ne peuvent espérer d'acquérir la preuve matérielle qu'ils ne se sont pas trompés dans la détermination des causes auxquelles ils rattachent des effets qu'il n'est pas souvent facile d'observer sous tous leurs rapports; mais c'est, je crois, un grand point gagné dans une science comme la Géologie, que de pouvoir rattacher d'une manière probable les événements passés aux événements présents, en se servant de la voie de l'analogie et de l'induction, et en partant d'un point connu, pour analyser ceux que l'on cherche à connaître. Si en suivant cette marche on n'est pas certain de découvrir la vérité, on peut éviter au moins les reproches trop souvent et avec trop de raison adressés aux géologues, de se livrer sans frein à leur imagination, que la grandeur du sujet qui les occupe peut si facilement enflammer et égarer *.

Mon objet spécial étant, comme je l'ai précédemment annoncé, de trouver dans les caractères minéralogiques et zoologiques du sol qui remplit le bassin central de la France, l'indication des diverses circonstances sous lesquelles ont pu être formés les dépôts différents dont ce sol se compose, je rappelerai, en premier lieu, qu'il n'existe aucun doute relativement au mode général de formation de tous les matériaux qui entrent dans sa composition, et que, d'un aveu commun, tous sont rapportés aux terrains de sédiment, c'est-à-dire à ceux dont les

---

* En prenant pour exemple ce qui se passe nécessairement dans le canal de la Manche, je n'ai pas voulu expliquer rigoureusement, par une même série de circonstances, la formation des environs de Paris, ainsi que plusieurs géologues ont paru le croire; mon seul but a été de faire comprendre, d'une manière générale, comment une certaine étendue de la surface de la terre peut, par de légères modifications, être placée sous des influences différentes et se couvrir successivement, alternativement ou simultanément, de dépôts variables par leurs caractères minéralogiques et paléologiques, sans qu'il soit besoin d'avoir recours à de grandes et invraisemblables révolutions pour expliquer ces variations; au surplus, ces idées et ces tentatives appliquées à l'étude d'un grand nombre de localités, notamment aux bassins du midi de la France, ont rencontré si peu d'objections et de difficultés, qu'aujourd'hui très peu de géologues persistent à attribuer les alternances des formations marines et d'eau douce connues, à des irruptions et retraites alternatives des mers.

particules, plus ou moins fines ou grossières, ont été tenues en suspension dans un liquide qui, après un certain temps les a laissé se déposer; avec ces dépôts de matières pulvérulentes, vaseuses, qui ont pris par la force de cohésion, par la compression des couches superposées ou par le dessèchement, une consistance plus ou moins grande, existent aussi des précipités cristallins qui semblent indiquer une solution préalable de leurs molécules composantes; mais ces substances cristallisées qui alternent avec les véritables sédiments, qui le plus souvent les pénètrent et contribuent à leur agrégation, se confondent avec eux dans certains cas au point qu'il n'est pas possible de distinguer l'opération chimique de l'opération mécanique. Si plus de temps m'était accordé, ce serait le lieu peut-être, de rappeler les opinions de Dolomieu et les belles expériences de M. Beudant, pour faire ressortir la difficulté que l'on trouve à bien préciser ce qu'il faut entendre par un précipité et par un sédiment et de faire voir que l'existence de certains cristaux et de masses homogènes transparentes, n'exige pas rigoureusement de supposer que les eaux sous lesquelles ils se sont déposés, avaient des propriétés dissolvantes particulières; je note seulement ce résultat parce que j'aurai besoin d'en faire l'application à la formation du gypse et à celle des silex meulières de nos environs, pour démontrer que ces substances à peine solubles ont pu prendre un aspect cristallin en se déposant sous des eaux qui ne différaient pas de celles qui remplissent maintenant le bassin des mers ou ceux de nos lacs d'eau douce; ce sera un grande difficulté levée, pour l'histoire des terrains modernes, si l'on peut établir que des bancs siliceux homogènes, que des silex ont pu être formés sous des eaux ordinaires.

S'il n'est pas toujours facile de déterminer, en voyant une substance minérale homogène, d'aspect cristallin, si ses particules composantes existaient en nature dans le liquide sous lequel elle s'est formée, si elles ont été seule-

7

ment dissoutes ou suspendues, ou bien, si elles sont le produit d'une décomposition chimique opérée dans le sein de ce liquide par la réaction de subsances de nature différentes et solubles qui par un échange de leurs éléments ont pu donner lieu à un nouveau précipité ; il n'est pas douteux que les masses minérales dans lesquelles des grains de nature et de forme différentes sont visibles, qui sont composées en partie de fragments, brisés, usés, arrondis, ou bien de vases et de limons plus ou moins desséchés n'ont été formés qu'avec des matériaux préexistants, enlevés par les eaux à des terrains déjà solides.

Si au milieu de ces agrégations et même des précipités cristallins, on trouve des vestiges de corps marins auxquels sont associés parfois des débris d'animaux et de végétaux fluviatiles ou terrestres; on ne peut douter également, qu'au moment de la formation de ces couches minérales ; la surface de la terre n'était partagée en bassins marins et en terres sèches et que des eaux douces ne s'écoulaient des sommités des dernières pour se rendre dans les premiers, soit directement soit après s'être arrêtées dans des bassins intermédiaires ; ainsi la seule inspection des caractères minéralogiques et zoologiques d'une couche de sédiment suffit pour faire présupposer, presque d'une manière certaine, l'existence de la mer, d'amas et de courants d'eau douce, celle enfin de continents découverts et habités.

Si l'on parvient en suivant cette marche à répartir dans des classes distinctes les sédiments marins, les sédiments lacustres et les sédiments fluviatiles, on pourra encore dans chacune de ces classes former des sous-divisions fondées sur des caractères physiques de second ordre qui seront relatifs aux diverses circonstances particulières qui auront influé sur ces caractères. Ainsi, les sédiments fluviatiles pourront différer selon qu'ils auront été déposés près ou loin de la source du fleuve, sur son cours ou à son embouchure, selon que les eaux de celui-ci étaient rapides où lentes, qu'elles traversaient des terrains de telle ou telle nature, etc, etc.... ; de même il y aura des sédiments marins littoraux et d'autres pélagiens ; parmi les premiers on pourra reconnaître ceux accumulés dans des baies, dans des lagunes, au débouché des rivières, sous un courant, dans un détroit ; on verra que les uns déposés par des eaux tranquilles sous des circonstances longtemps invariables, sont restés à la place où ils ont été formés et que les autres soumis, après un premier dépôt à des agitations continuelles, ont été plusieurs fois déplacés, remaniés. Sans entrer ici dans plus de détails à ce sujet je puis faire remarquer de quelle importance une étude raisonnée et l'on peut dire philosophique des terrains de sédiment devra éclairer, sur la nature des causes secondes qui ont formé et modifié la surface du globe. Mais cette étude dont l'utilité peut-être conçue *à priori* ne peut être suivie que par l'expérience et par des observations qui exigent du temps et des occasions favorables.

Si dans les derniers temps les zoologistes ont fait faire les plus grands progrès à la géologie positive, en déterminant les corps organisés dont les couches de la terre renfermant les débris et en comparant ces débris aux parties analogues des êtres qui vivent encore autour d' nous, ils se sont peu occupé de déterminer les circonstances variables du gisement des mêmes fossiles, et pour compléter l'histoire des terrains de sédiments, les géologues ont besoin maintenant de renseignements que les marins observateurs pourront peut être leur fournir ; c'est par ces derniers que nous pourrons apprendre, quels rapports nécessaires existent entre la disposition, la nature, et la manière d'être des divers dépôts qui se forment actuellement sous la mer, et la forme générale des bassins, le contour des côtes, la composition des falaises, les diverses profondeurs, les divers mouvements réguliers des eaux ; peut-être pourront-ils nous dire, pourquoi telle plage est couverte de galets volumineux tandis que sur une autre, peu éloignée, on ne trouve que des sables impalpables ou des vases boueuses ; ils pourront noter les effets des courants constants ou périodiques, ceux des remous, ceux des tempêtes extraordinaires ; ils pourront encore recueillir des renseignements sur l'habitation et les habitudes des diverses familles d'êtres marins et nous donner ainsi les moyens de reconnaître à de certains signes et par analogie, dans les couches de la terre maintenant à sec, si tel dépôt a été formé évidemment dans la mer, ou dans un lac, ou sur le cours d'un fleuve ; s'il a été formé dans une mer profonde éloignée des rivages ou près des bords ; s'il annonce que là où on l'observe, était l'embouchure d'un fleuve, l'emplacement d'un golfe, d'un détroit, la proximité d'un cap ; si les fossiles que nous trouvons sont dans le lieu où vivaient les animaux dont ils sont les vestiges ou bien s'ils ont été entraînés naturellement ou avec violence hors de leur sol natal.

En attendant que nous soyons en possession de ces documents désirés, nous ne pouvons qu'essayer d'y suppléer par des conjectures rationnelles, en cherchant à deviner par des effets apparents qui ont lieu sur les rivages, ceux qui se dérobent à notre vue sous les eaux ; c'est dans cette intention que je vais relater les principaux résultats que m'a procuré l'inspection du canal de la Manche et l'observation des causes visibles qui agissent sur ses bords pour modifier la surface de son fond.

La première inspection d'une carte hydrographique de cette partie de la mer m'a fait voir qu'entre Douvres et Calais, on trouve partout le fond à vingt brasses environ ; que vers la mer du nord la profondeur augmente graduellement par une pente douce, que du côté du canal la profondeur va jusqu'à trente-six brasses entre Étaples en France et Hastings en Angleterre, puis, que le fond se relève de manière qu'entre Dieppe et Beachy-Head, la sonde ne descend plus qu'à vingt-cinq brasses ; au-delà la pente augmente graduellement jusqu'à ce qu'elle trouve quarante-cinq brasses vis-à-vis la Hogue, et soixante-cinq environ à l'entrée du canal.

Il existe d'après cette disposition, une digue sous-marine entre la mer du nord et la Manche vis-à-vis Calais, et une autre digue un peu plus loin, vis-à-vis Dieppe, de telle sorte que le bassin sous marin de la Manche est sous-divisé en deux plus petits bassins et que par supposition, si un abaissement successif de vingt et vingt-cinq brasses survenait dans le niveau actuel des eaux, la mer du nord serait d'abord séparé du canal de la Manche par la mise à sec d'une langue de terre qui réunirait la France et l'Angleterre entre Calais et Douvres, et qu'ensuite il s'établirait une nouvelle communication entre les deux pays de Dieppe à Beachy-Head ; de manière que les eaux comprises entre les deux isthmes seraient enfermées de toutes parts.

Ainsi en définitive un premier abaissement de vingt brasses changerait le détroit actuel en deux golfes, et un abaissement de vingt-cinq brasses le transformerait en deux golfes séparés par un lac qui se trouverait entre deux mers.

Cet aperçu doit suffire pour faire voir combien les circonstances peuvent varier dans un même lieu par suite d'un évènement simple en lui même et comment par conséquent des dépôts superposés pourront être différents en raison de ces circonstances diverses si, comme il n'est pas permis d'en douter, les unes influent sur le mode de formamation des autres.

Continuant à examiner la constitution géologique du bassin qui sépare la France de l'Angleterre je remarque que la nature des roches qui entrent dans la composition des falaises des deux rives, varie en un grand nombre de points ; à Calais et à Douvres elles sont de craie tendre et blanche, coupée par des lits de silex , dans le Boulonais et dans le Sussex ce sont au contraire des sables ferrugineux, des calcaires marneux , des argiles brunes qui comme à Dives et au sud de l'île de Wight bordent les rivages, lesquels plus loin encore et sur les côtes de Normandie sont formés de calcaires oolitiques et enfin dans le Cotentin ainsi qu'en Cornouailles de schistes, de granit et d'autres roches cristallisées.

Dans presque tous les lieux où la mer vient battre et miner le pied de ces falaises, il se fait des éboulements continuels ou périodiques qui quelquefois (comme je l'ai vu au bourg d'Ault) ont plusieurs pieds de largeur sur 2 à 500 pieds de haut ; en peu de temps les matériaux éboulés disparaissent ou changent d'aspect, les eaux détrempent, délayent les parties tendres, elles roulent et triturent les parties dures, elles dissolvent les substances solubles, laissant les unes près des rives et entraînant ou transportant les autres à des distances plus ou moins grandes ou selon toute apparence elles les laissent se déposer et se précipiter successivement selon leur degré de pesanteur spécifique ; ces précipités et sédiments continuels sur un point, régulièrement périodiques sur un autre, et souvent accidentels, forment nécessairement sur les divers fonds du canal, des couches successives, variables dans lesquelles sont enveloppées des dépouilles d'animaux qui vivent, ou sont transportés dans la mer ; on peut pour mieux fixer ses idées, porter particulièrement son attention sur les côtes de l'Angleterre qui sont opposées à l'embouchure de la Seine ; sur celles du sud de l'île de Wight, si remarquables par leurs éboulements, et après avoir vu ce qui s'y passe journellement, on ne pourra se refuser à admettre, qu'il se forme maintenant au pied des falaises de l'Angleterre, sur le versant du canal opposé à celui des côtes de France, des dépôts successifs dont la craie, les sables ferrugineux et les argiles brunes de Weald fournissent, tantôt isolément, tantôt simultanément (suivant les éboulements qui ont eu lieu et la direction des courants) les matériaux qui contiennent peut-être pêle-mêle quelques anciens fossiles de ces trois formations distinctes, avec les dépouilles d'animaux qui vivent encore dans la Manche.

D'une autre part, vis-à-vis ce même point, débouche un grand fleuve qui après avoir baigné et arrosé de vastes contrées vient apporter son tribut à la mer; ses eaux douces, ordinairement limpides, deviennent parfois bourbeuses; elles charrient, lors de leur crue, et avec plus ou moins d'impétuosité, des terres, des limons, des sables; elles entraînent des bois, des cadavres flottants, des molusques terrestres et d'eau douce vivants ou morts; elles tiennent en dissolution des sels de différente nature; elles déposent une partie de ces corps étrangers sur leur route; mais elles en portent bien plus encore au-delà de l'embouchure, puisque dans les grands débordements, les eaux coloriées du fleuve, se distinguent des eaux marines, souvent jusqu'au milieu du canal. Que conclure de ses faits ? si ce n'est que la Seine transporte dans la mer des matières terrestres et fluviatiles, qu'elle dispose en couches alternatives, dans le même moment que sur la rive opposée de l'Angleterre des couches marines se forment ; et ne peut-on pas de cette simultanéité de dépôts différents, déduire la conséquence, qu'au centre de l'espace, les deux dépôts doivent se confondre, se mêler ; que leurs couches peuvent alterner, s'enlacer, etc., etc.

Sans pousser plus loin ces observations, on peut, d'après ce seul exemple, présumer ce que produisent dans le même temps les autres affluents qui descendent dans le même bassin, en traversant d'autres pays, comme l'Orne, la Vire, etc.

On peut concevoir aussi comment les éboulements des falaises de Dives, qui sont argileuses, doivent donner lieu à des couches marines différentes de celles produites par les éboulements des falaises de craie de l'Angleterre, etc.

Maintenant qu'il est démontré, pour ainsi dire, par ce qui précède, que simultanément dans le même bassin, il peut et doit nécessairement se faire des dépôts marins et des dépôts fluviatiles ; qu'il est prouvé également qu'un abaissement de vingt-cinq brasses formerait dans le canal de la Manche un lac entre deux mers, ne peut-on pas pousser plus loin les conjectures, et se demander ce qui arriverait dans ce dernier cas, si le lac recevait moins d'eau continentale qu'il n'en perdrait par l'évaporation ? Ses eaux nécessairement baisseraient; leur niveau serait bientôt au-dessous de celui des deux golfes dont il ne serait séparé que par des digues étroites, sur lesquelles la mer et les vents éleveraient peut-être des dunes sablonneuses, et l'on peut d'autant mieux faire cette dernière supposition pour la digue septentrionale, qu'aujourd'hui encore la mer du Nord amoncelle chaque jour des sables sur les côtes qui lui sont opposées du côté du Sud; enfin par des causes comparables à celles qui ont ensablé le golfe de Gascogne, ou qui, il y a quelques années, ont fait inonder Saint-Pétersbourg, ainsi, qu'un grand nombre de ports de la Baltique et des côtes de la Hollande, les sables des dunes et une portion de la digue elle-même ne pourraient-ils pas être poussés par des lames impétueuses ou par les vents habituels dans le lac supposé, qui se trouverait ainsi progressivement comblé par une épaisse couche de sables marins? bientôt il ne resterait plus d'eau sur le sable; mais la Somme, et beaucoup d'autres petites rivières, apporteraient des limons argileux qui peu à peu feraient un fond impénétrable sur lequel de nouvelles eaux s'arrêteraient ; des graines, entraînées sur ce sol marécageux, y germeraient; les plantes étant produites, les animaux fluviatiles, les lymnées, les planorbes, les cyclades, s'établiraient, propageraient, et leurs dépouilles, ainsi que celles des plantes, seraient les seuls restes organisés qu'envelopperaient à l'avenir les sédiments apportés dans ces bassins tranquilles par quelques eaux courantes. Pendant toute la période qui aurait suivi l'isolement des eaux du lac, des dépôts sous-marins continueraient à avoir lieu dans les deux golfes voisins, et ces derniers dépôts seraient par conséquent contemporains de ceux formés à quelque distance et au même niveau sous les eaux lacustres. Cet état de chose subsisterait tant qu'un grand événement, en tout comparable à celui qui a rendu habitable les parties basses des continents actuels en les mettant à sec, ne viendrait pas donner lieu au sillonnement et ravinement profonds de ce plateau marécageux, entraînant au loin une partie des matériaux de son sol qui resterait ensuite partagé en vallées parallèles, séparées par quelques collines, témoignages irrécusables des causes qui les auraient produites.

Le tableau que je viens de tracer, composé de faits incontestables et d'événements supposés (il est vrai), mais possibles et qui pourraient avoir lieu sans nécessiter aucune altération dans les lois constantes de la nature; peut, non-seulement servir à expliquer d'une manière générale toute alternance de couches remplies de fossiles marins avec d'autres couches qui ne renferment que des débris d'animaux fluviatiles ou terrestres, mais il peut encore rendre compte des phénomènes de détail et locaux que présente l'organisation géologique des terrains parisiens en particulier*.

Pour arriver à une démonstration irrécusable de ce que j'avance; pour faire partager la conviction que des études minutieuses, que des observations multipliées m'ont donné, je sens qu'il me faudrait exposer ici, si ce n'est tous les faits que j'ai recueillis, au moins le plus grand nombre et que je ne saurais me dispenser de discuter la valeur de cha-

---

* Cet exposé à fait croire que je n'adoptais pas la distinction des formations d'eau douce, quoiqu'ici il soit bien expliqué que j'entends parler seulement des dépôts caractérisés par des animaux ou végétaux des eaux douces ou terrestres qui alternent avec des dépôts marins ; je distingue les formations fluviatiles et fluvio-marines, des formations lacustres qui, comme celles de la Limagne, du Puy, etc., ont été déposées, par des eaux douces, à un niveau supérieur à celui des mers qui, comme on le voit dans ces dernières localités ne sont pas venus les recouvrir postérieurement.

cun d'eux pour faire admettre les conséquences que je veux
en tirer; ne pouvant cependant entreprendre de remplir
cette obligation, comme je désirerais pouvoir le faire, sans
dépasser de beaucoup les bornes d'un simple mémoire je
suppléerai à ce que je devrais dire, par des cartes, par des
coupes et des échantillons que j'ai l'honneur de mettre
sous les yeux des membres de l'Académie, et par des notes
explicatives qui peuvent être considérées comme des pièces
à l'appui de l'opinion que je cherche à faire préva-
loir.

Je me bornerai donc pour essayer de faire cadrer avec
cette opinion les observations recueillies et bien constatées,
à montrer que l'on peut réunir toutes celles-ci dans une
explication synthétique de la formation des terrains parisiens, qui ne différerait point de la relation des principaux
événements qui ont lieu et qui pourraient arriver naturellement dans le canal de la Manche d'après ce que j'ai
exposé précédemment. Chemin faisant, j'aurai soin de
faire ressortir les principaux caractères minéralogiques
et zoologiques qui, dans les différents dépôts, paraissent
annoncer quelques circonstances particulières de leur formation.

La carte que je joins à ce mémoire fera voir la circonscription de ce que j'appelle bassin central de la France
auquel je rattache une partie du sud de l'Angleterre; le
canal de la Manche me paraissant avoir été produit par
un événement récent et à une époque postérieure au dépôt
des derniers terrains parisiens. — Le bassin de la Loire
me semble devoir être également réuni à celui de la Seine
proprement dit, parce que le plateau qui aujourd'hui sépare les eaux des deux fleuves, est une digue élevée peu-à-
peu par les eaux douces elles-mêmes dans le bassin commun où elles se rendaient de toutes les sommités qui cou-
ronnaient celui-ci de l'est au sud. Dans deux coupes générales du bassin central de la France, l'une dans le sens de

l'est à l'ouest et l'autre du nord au sud, j'ai fait entrer toutes les coupes de détail qui montrent les rapports d'élévation et de connexion des dépôts marins et des dépôts d'eau douce. D'un seul coup d'œil on peut, par ce moyen, prendre une idée des alternances, des mélanges, des enchevêtrements qui ne permettent pas de douter de la simultanéité de formation de dépôts différents par leur nature minéralogique et par les fossiles qu'ils renferment [*].

Mon but étant de faire voir seulement que les couches marines de la craie, du calcaire grossier, des marnes et grès supérieurs au gypse ont pu être formés dans le même bassin et sous les mêmes eaux que l'argile plastique, le calcaire siliceux et le gypse lui-même qui renferment essentiellement des débris d'animaux et de végétaux terrestres ou fluviatiles.

Ces coupes pourraient suffire, à la rigueur, pour me faire comprendre ; mais desirant faire voir qu'aux faits démonstratifs se joignent les inductions que la comparaison et le raisonnement peuvent faire naître ; je reprendrai succinctement l'histoire des divers dépôts des terrains parisiens dans l'ordre de leur ancienneté, en y comprenant la craie [**].

---

[*] J'ai cru pouvoir suppléer aux coupes détaillées et à la carte générale du bassin parisien, que j'ai mises sous les yeux de l'Académie, par la coupe du bassin de la Seine, faite de Mantes à Moret, dont je viens de publier la deuxième édition (Voir l'explication jointe à cette carte à la fin du présent mémoire).

Je rappellerai seulement que, par bassin parisien, je n'entends pas seulement la surface couverte aujourd'hui par la masse des terrains tertiaires, mais tout l'espace qui s'étend des hauteurs du plateau de l'Auvergne jusque de l'autre côté de la Manche.

[**] Mon intention ne peut être de donner ici les caractères des divers dépôts dont sont composés les terrains des environs de Paris, mais de faire ressortir

La CRAIE parisienne — a [*].

Présente d'autant plus tous les caractères des couches pélagiennes, formées loin des rivages, dans une mer tranquille et profonde, qu'on l'examine plus près du centre du bassin. La blancheur, l'homogénéité de ce carbonate calcaire, l'extrême et égale ténuité de ses molécules composantes, la grande épaisseur et l'horizontalité de ses couches parallèles, sans aucune interposition de dépôts de matière différente et grossière, sont des indices dénotant le dernier sédiment abandonné par des eaux qui, déjà dans un long trajet, avaient laissé déposer les particules grossières et pesantes qu'elles avaient délayé ou qu'elles tenaient en suspension ; ils annoncent aussi que le lieu où se formait le dépôt était à l'abri de toute grande agitation, et qu'il n'éprouvait pas les influences perturbatrices des courants, des tempêtes qui changent et bouleversent sans cesse les sédiments formés près des rivages et sous des eaux peu profondes.

Une semblable conséquence peut être déduite du petit nombre de fossiles que contient la craie parisienne, ainsi que des espèces qui lui sont propres ; on sait qu'elle ne renferme presque jamais de coquilles univalves, dont les animaux habitent de préférence les fonds éclairés et peu immergés, sur lesquels ils doivent ramper pour chercher leur nourriture, ou bien les individus de leur espèce avec

---

seulement ceux de ces caractères qui peuvent fournir des inductions, relativement au mode et aux circonstances de formation de chacun d'eux, ou même de leurs diverses parties.

* Voir la coupe ci-jointe des terrains tertiaires du bassin de Paris et les lettres et indications correspondantes.

lesquels ils ont besoin de s'accoupler pour que leur repro-
duction ait lieu ; quelques coquilles univalves , portées
par accident loin de leur demeure habituelle (*Trochus
basterotii*), prouvent, en effet, qu'aucune cause chimique
n'a détruit dans la craie blanche celles qui auraient pu
y exister, ainsi que plusieurs naturalistes ont pu le croire
et le proposer pour expliquer leur absence. Les fossiles de
notre craie sont presque exclusivement des débris de
grandes coquilles bivalves qui n'ont pas d'analogues ,
même de genre sur nos rivages (*Catillus*) ; des térébratules , coquilles légères et flottantes après la mort de
l'animal, qui pendant sa vie se tenait fixée sur les roches
des profondeurs , des oursins , ananchites , galérites ,
spatangues, dont le test léger peut, comme on le sait ,
flotter long-temps sur les eaux , lorsqu'il est vuide après
la mort de l'animal , circonstance que prouve l'absence
des baguettes dont ces fossiles sont presque toujours pri-
vés , ainsi que l'existence de serpules , polypiers fixés sur
le test même ; avec ces divers débris se trouvent encore
des bélemnites (*B. mucronatus*), qui paraissent avoir appartenu à des mollusques céphalopodes , dont les espèces ,
comme on le sait , nagent et s'aventurent dans les hautes
mers ; quelques morceaux de bois de petite dimension ,
et enfin au milieu des masses siliceuses irrégulières qui
coupent l'uniformité des bancs , on aperçoit souvent des
traces d'organisation qui rappellent ces légions immenses
et variées d'êtres mous et gélatineux qui couvrent encore
parfois la surface des hautes mers équatoriales, et qui,
par des circonstances dont les causes sont peu connues,
semblent à certaines époques disparaître, lorsqu'elles
se précipitent sur leur fond.

Pendant qu'autour du point où se trouve maintenant
Paris, se formaient des couches de craie *pélagienne*, il
devait se déposer des couches de craie , que j'appelerai
littorale, dans les points du bassin qui étaient plus rapprochés des rivages ou sur lesquels les eaux avaient moins

de hauteur ; c'est effectivement ce que démontrent les caractères de la craie tuffau et de la craie chloritée, comparés à ceux de la craie blanche, comme la carte colorée l'indique dans tout le pourtour du bassin tant en France qu'en Angleterre dans une position relative supérieure à celle de la craie blanche*. Je puis paraître ici commettre une erreur et ne pas connaître les rapports d'âge que l'on attribue aux trois variétés de craie que je viens de nommer ; je sais cependant bien que l'on regarde la craie blanche comme supérieure aux deux autres et par conséquent comme formée après elles ; mais des observa-

---

* Dans l'essai de carte géologique présenté à l'Académie avec le présent mémoire et qui comprenait avec la partie nord et centrale de la France, le midi de l'Angleterre, la Belgique et la Hollande ; les formes présumées des bassins tertiaires parisiens et anglais sont indiquées, ainsi que les sources ou points de départ des eaux qui ont formé les différents dépôts.

Ne pouvant reproduire ici cette carte encore peu parfaite et dont l'exécution serait très dispendieuse ; le plan du bassin de Paris, joint à la coupe, y suppléra, jusqu'à un certain point, pour faire voir au moins la distribution relative des dépôts de diverse origine désignés par des signes et des lettres

  c. *Calcaire grossier* (*Formation marine*).
  d. *Calcaire siliceux* (*Formation travertino-marine*).
  e. *Gypse.* (*Formation fluvio-marine*).
  h. *Meulière et calcaire d'eau douce de la Beauce* (*Form. lacustre*).

Quant à la limite indiquée par la lettre *a*, elle désigne seulement, d'après les observations de MM. Cuvier et Brongniart, et celles de M. d'Omalius d'Halloy, la ligne suivant laquelle la craie paraît aujourd'hui à la surface du sol et non les bords réels du bassin parisien qui s'étendait beaucoup plus loin, surtout à l'ouest, au nord et à l'est, ainsi que le prouvent les nombreux lambeaux de terrains tertiaires, que l'on trouve depuis l'Auvergne et la Champagne jusque sur les côtes de la Manche. Le massif actuel des terrains tertiaires qui environnent immédiatement Paris, ne peut-être considéré que comme un témoin de dépôts beaucoup plus étendus qui ont été ravinés, et en partie détruits lors des derniers événements, à la suite desquels cette partie de la surface de la terre que nous habitons, a été émergée.

tions m'ont presque démontré qu'il fallait distinguer la glauconie inférieure à la craie blanche, de la glauconie littorale qui est contemporaine ; je réserve pour un autre mémoire la démonstration de l'opinion que je mets en avant pour la soumettre aux observations des géologues.

Argile plastique. b.

Les dépôts de craie qui se sont fait sans mélange et d'une manière uniforme cessent tout à coup, et les anfractuosités de la surface de ces derniers dépôts sont remplies de fragments de craie, de silex brisés, de cailloux roulés, d'argile plus ou moins pure et de couleur variée, et de sables quelquefois passés à l'état grès ; tous ces matériaux, qui diffèrent par leur contexture, par leurs rapports dans chacune des cavités qu'ils remplissent, sont tantôt en couches minces, tantôt en couches épaisses à de petites distances, enfin ils renferment en abondance des portions d'arbres terrestres, quelques coquilles, et des ossements d'animaux dont les analogues vivent soit dans les fleuves, soit à leur embouchure.

Sans aucun doute, ce changement dans les produits, annonce des changements dans les causes, les circonstances n'étaient plus les mêmes dans le bassin où s'était déposé la craie ; mais la mer s'est-elle retirée tout-à-fait alors pour être remplacée par des eaux douces, ou seulement s'est-elle abaissée au point de transformer en une baie ce qui était auparavant une haute mer ; il serait indifférent d'admettre l'une ou l'autre supposition, si ces nouveaux dépôts n'avaient pas été recouverts plus tard, des sédiments marins qui ont plus de 600 pieds d'épaisseur, et qui prouvent qu'à une époque postérieure au dépôt de l'argile plastique la mer existait à cette hauteur sur le même point du globe. Il semble donc plus naturel de penser que, par suite de l'abaissement relatif des eaux, la forme des bords du bassin et de ses rapports avec les continents voisins ont dû changer; que des eaux continentales qui avaient une autre direction sont venu déboucher dans le nouveau golfe, et lui apporter leur tribut de la même manière que tous les grands fleuves qui se rendent dans la mer actuelle couvrent son fond à une distance plus ou moins grande de leur embouchure, et sur un trajet déterminé par la direction et la vitesse des courants, ainsi que par la forme des côtes et des fonds, de vase, de sables, de bois et des cadavres d'êtres terrestres ou fluviatiles; des considérations de détail, dérivés de la comparaison des argiles plastiques de la France et de l'Angleterre, semblent ne laisser aucun doute sur la formation de celle-ci par des eaux fluviatiles sous le niveau des mers : car on sait que si les géologues français n'ont signalé que des fossiles d'eau douce dans cette formation, les savants anglais ont, au contraire, décrits et figurés un grand nombre de coquilles marines, qu'ils ont trouvées dans des dépôts de même nature minéralogique, et dans une position parfaitement analogue. Cette différence me semble n'avoir rien d'étonnant; car, si je suppose un fleuve qui débouche dans la mer, je ne puis douter, puisque cela est prouvé par un grand nombre d'exemples, que, dans la mer même, les eaux douces restent plus ou moins de temps sans se mêler avec les eaux salées, et qu'un espace plus ou moins grand du fond de la mer peut, par cette raison, n'être en aucune manière propre à l'établissement des animaux marins qui fuient s'ils en approchent; d'un autre côté, les sédiments fluviatiles les plus légers pourront franchir cet espace, être pris par les eaux salées et déposés par elles sur des dépouilles d'êtres marins.

Quoi qu'il en soit, les caractères minéralogiques et zoologiques de la craie parisienne m'ont conduit à considérer ce dépôt comme formé au fond d'une mer profonde et tranquille : les caractères minéralogiques et zoo-

logiques de l'argile plastique m'annoncent le transport
violent et rapide, puis successivement plus lent, de matériaux enlevés à la terre par un cours d'eau continental,
et disposés par lui sur un fond marin. Je pourrais encore
faire voir que les rapports de position des argiles plastiques sur la craie indiquent, qu'entre les derniers dépôts
de celle-ci et les premiers de la formation qui la recouvre, il y a eu un intervalle pendant lequel la craie,
déjà en partie consolidée, a été entamée, sillonnée,
puisque ce n'est que dans des anfractuosités, dont les surfaces ne sont nullement parallèles aux couches crayeuses,
que des fragments de craie dure et des silex brisés ont
été accumulés avec les premiers lits d'argile plastique.

Je noterai seulement, comme une nouvelle preuve à
l'appui de ce que j'avance, que la formation *fluvio-
marine* de l'argile plastique n'a pas cessé subitement
lorsque la cause qui a formé le dépôt marin du calcaire grossier a commencé à agir, puisque l'on retrouve
des amas ou couches plus ou moins étendus, de même
sorte, subordonnés dans le calcaire grossier (Soissonnais, Bagneux, Vaugirard, Épernay, etc.), et jusque
dans le gypse (Montmartre, Hutte-au-Garde), et les
marnes qui le recouvrent (Montmartre, Montmorency,
Provins, etc.).

Argile, sables et calcaire grossier inférieur (c).

Ces dépôts se formèrent simultanément dans des points
différents du bassin, devenu moins profond, en raison de
la nature des rives voisines, et de la direction des cours
d'eau, comme tout porte à croire que des dépôts divers
se font encore sur les différents points du canal de la
Manche.

La composition des couches, les espèces de fossiles du
calcaire grossier inférieur indiquent un golfe encore profond, sur les bords duquel vécurent des mollusques

de rivages, et dans lequel se formaient en même temps des dépôts littoraux et des dépôts pélagiens *.

On peut remarquer que, par un abaissement toujours gradué des eaux, une baie largement ouverte dans la mer du Nord a dû se transformer en une lagune saumâtre, qui

---

* Je ne puis me dispenser de faire, de nouveau, remarquer combien il est important pour l'histoire philosophique des révolutions qui ont agité la surface de la terre, de rechercher, si l'apparition ou la disparition de certains types d'animaux fossiles dans les couches superposées d'un sol quelconque, tient à ce que les types d'organisation ont réellement changé, et que des espèces anéanties ont été remplacées par des espèces différentes, ou bien à ce que les circonstances de localité n'étant plus les mêmes, les races qui habitaient un point quelconque l'ont abandonné pour se retirer sur un autre point plus convenable, tandis que d'autres races qui existaient déjà dans de certaines localités éloignées, sont venues s'établir dans un lieu rendu propice à leur existence par certains événements ; c'est ainsi que le changement d'une mer profonde en une baie, de celle-ci en un lac, peut amener des changements dans la série des espèces qui se seront succédées dans un même lieu ; c'est ainsi que les changements dans la direction des courants, l'abondance plus ou moins grande des affluents, etc., peuvent produire de semblables résultats ; ainsi les variations n'indiqueront pas des successions correspondantes dans la création des êtres organisés ; telle me semble cependant être encore la tendance des opinions de beaucoup de géologues qui croyant voir dans la disposition respective des couches de la terre, qui renferment des fossiles l'indication exacte de l'ordre dans lequel les êtres ont apparu dans les eaux ou sur la terre, veulent en retournant la proposition regarder comme formées à la même époque sur toute la terre, , les couches qui renferment les mêmes espèces. Je suis loin de nier que l'identité des fossiles ne caractérise dans beaucoup de cas des dépôts de même âge, mais je crois que dans beaucoup de cas aussi, des fossiles semblables peuvent appartenir à des dépôts d'âges différents, et pour cela encore, je me fonde sur l'analogie et sur le raisonnement le plus simple ; on ne peut révoquer en doute dit-on que certains types, certaines espèces ont commencé a exister long-temps après que d'autres avaient cessé d'être, puisque dans les couches de la terre, ou ne trouve plus les uns à une certaine hauteur dans la série chronologique des terrains, et que les débris des autres ne se rencontrent jamais passé certaines profondeurs; tout en admettant la conséquence comme juste dans sa généralité, je crois qu'il est facile de s'égarer en en faisant l'application dans les détails : et pour prendre un exemple, en laissant de côté la difficulté de concevoir la création subite d'une espèce nouvelle, supposons que les circonstances propices à la production de ce prodige se réunissent sur un point ; s'en suivra-t-il que

pouvait ne communiquer avec la mer que par des canaux étroits qui lui servaient de décharge ; aussi observe-t-on qu'après les dépôts des couches anciennes sablonneuses et argileuses du calcaire grossier inférieur, les couches formées dans le bassin de Paris et autour du point où est maintenant l'île de Wight commencent à présenter des différences notables avee celles qui constituent le sol du bassin de la Tamise et de la Belgique, et qui se déposaient dans le même moment ; déjà les circonstances n'étaient plus les mêmes, deux bassins existaient, et les dépôts de l'un et de l'autre ne sont plus que difficilement comparables.

Ici on peut commencer à faire une application, presque complète, de ce qui se passe sous nos yeux dans ce canal, à la formation du calcaire grossier, du gypse

---

sur tous les autres points, dans le même moment et comme instantanément des individus de cette nouvelle espèce seront créés ? Ne faudra-t-il pas du temps pour que la propagation multiplie le nombre de ceux-ci ? et lorsque des circonstances destructives exerceront leur influence, les mêmes effets seront-ils produits partout en même temps ? L'anéantissement de la race ne pourra-t-il pas avoir lieu dans une contrée bien long-temps avant la disparition des individus de la même race dans une autre contrée? Si ces réflexions n'ont rien que de raisonnable, les couches sédimenteuses qui se formeront près de l'endroit où le type a pris naissance ne pourront-elles pas contenir des fossiles, qui ne commenceront à se montrer qu'au sein de couches beaucoup plus nouvelles, formées là où le type se sera le plus long-temps conservé ?

J'ai été entraîné, presque malgré moi, dans cette digression en pensant à la différence, qui existe entre les fossiles de la craie et ceux des premiers dépôts du calcaire grossier : est-ce que les races de ceux-ci n'existaient nulle part lorsque la craie se déposait? Est-ce que l'on ne retrouverait pas des dépouilles semblables dans des terrains plus anciens, formés dans une plus ancienne baie ?

Les dépôts qui depuis 5 a 6,000 ans se forment dans le sein de la Méditerranée, par exemple, n'enveloppent-ils pas des animaux semblables, presque tous, à ceux qui caractérisent les terrains tertiaires *circum-Méditerranéens*, et qui sont les dépouilles des animaux qui vivent encore dans cette mer ; comme peut-être, les fossiles tertiaires des Hautes-Alpes seraient les ancêtres de ceux qui ont peuplé plus tard le bassin parisien? (*Voy.* dans le mémoire précédent les réflexions relatives aux effets du grand courant équatorial, page 43 à 46.)

et des terrains d'eau douce en partie contemporains.

C'est ce qui m'a engagé à distinguer le calcaire grossier inférieur chlorité, argilo-sablonneux, du calcaire grossier supérieur, dont la contemporanéité de formation avec le gypse est démontrée par de nombreux mélanges et enchevêtrements au centre du bassin et partout où les bords de l'*amas lenticulaire* gypseux est en contact avec le calcaire grossier (*Montmartre* , *Sergy* , *Beau-Champ* , *Pontoise* , etc.

C'est aussi pour cette raison que je réunis dans un même chapitre les trois formations du calcaire grossier supérieur, du gypse et du calcaire siliceux *.

Calcaire grossier supérieur (c) , *Calcaire siliceux (d)* ,
Gypse (e).

Ces trois formations me paraissent avoir été formées presque simultanément ; j'en ai la preuve dans l'alternance de couches marines avec les dépôts gypseux de la *Hutte-au-Garde*, et l'intercallation de calcaire d'eau douce à *Sergy*, à *Triel*, à *Vaugirard*, au milieu même de la formation du calcaire grossier, comme dans les rapports de position de celui-ci avec le calcaire siliceux sur les deux rives opposées du bassin et à une même hauteur.

Cette supposition est appuyée encore sur la configuration du bassin lui-même, et sur la direction des cours d'eau qu'il recevait, l'un, descendant des Vosges à l'est, est représenté pour ainsi dire par la marne et ses affluents, tandis que l'autre, venant du sud-est, des hauteurs du Jura, de l'Auvergne et des Cévennes, a encore pour ves-

---

* Depuis le moment où j'ai rédigé ce mémoire, j'ai fait de nombreuses observations sur le gisement des diverses assises de calcaire d'eau douce, qui ont été confondues sous le nom de calcaire siliceux, et notamment sur la position relative des calcaires de St Ouen, Champigny, Provins, Melun, Montereau, Nemours, Château-Landon et du plateau de la Beauce. La coupe ci-jointe et sa Légende expriment les résultats principaux de ces observations qui ont été le sujet de plusieurs communications à la société géologique. (*Bull. S. g.*, t. VI, pag. 94, 114, 292.)

tiges rudimentaires, la Seine, l'Yonne, le Loing et même l'Allier et la Loire qui, comme je l'ai dit déjà, n'a changé son cours naturel vers le point où est Paris qu'après la formation du calcaire d'eau douce qui compose aujourd'hui le sol de la Beauce et de l'Orléanais, pour se détourner brusquement à l'ouest, et aller se verser dans l'océan par le canal qu'une dislocation du sol lui a ouvert à travers les terrains secondaires et primaires des bords du grand bassin.

Il est donc naturel de trouver l'accumulation du calcaire grossier marin sur le versant nord, parce que c'est de ce côté que le lac ou l'*estuaire* saumâtre était en communication directe avec la mer du Nord, et de voir le gypse et le calcaire siliceux au centre et près de la rive opposée, sur le trajet et à l'embouchure des principaux affluents.

Tandis que sur la rive marine, des dépôts calcaires se formaient aux dépens des falaises de craie et de calcaire grossier ancien, enveloppant au milieu des débris brisés et remaniés des premiers habitants de la baie, les dépouilles des générations encore subsistantes; les eaux du courant d'est chargées de solutions gypseuses et de particules enlevées peut-être aux terrains argileux et gypsifères de la Lorraine et à ceux de la craie de la Champagne déposaient ces divers matériaux suivant leur degré de pesanteur spécifique et de solubilité et suivant la vitesse du courant, soit sur les rives, soit au centre du bassin et même quelquefois au delà *.

---

* Ce n'est pas là une explication définitive que je voulais donner de la formation du gypse. Cette substance a pu être introduite dans le bassin parisien, ou à l'état de solution ou bien s'être formée par la rencontre de chaux carbonnée délayée et d'acide sulfurique provenant soit de sources lointaines (sol volcanique du plateau central), soit de sources sortant du fond même du bassin sur une ligne dirigée de l'est à l'ouest, soit enfin d'une cheminée centrale, car rien ne démontre jusqu'à présent que la *lentille gypseuse* n'est pas la tête d'une sorte de *champignon* dont le pédoncule plongerait dans les dépôts plus anciens (sous la plaine Saint-Denis, peut-être).

D'un autre côté le courant sud dont la source était plus éloignée, traversant plusieurs lacs élevés de l'Auvergne dans lesquels il déposait les sédiments grossiers qu'il pouvait charrier, n'apportait dans le bassin de la Seine que des particules d'une grande finesse calcaires et siliceuses presque toujours semblables et qui ont produit des couches puissantes et homogènes (le calcaire de Château-Landon , etc.) *.

Les trois dépôts de nature minéralogique différente qui se formaient dans le même moment ont du se confondre se mêler et alterner entre eux aux points de leurs contacts et les observations les plus positives donnent la preuve que cela est arrivé en effet.

Dans cette présomption il est facile de concevoir comment l'augmentation ou la cessation momentanée de l'un des dépôts a pu faire que tantôt les sédiments marins du nord ont recouvert les sédiments fluviatiles du centre et du sud comme on le voit au pied de Montmartre et comment le contraire a pu avoir lieu sur d'autres points ; ainsi s'explique sans difficulté l'existence de gypse et de lignite entre des bancs de calcaire grossier (Hutte-au-Garde , Bagneux , Vaugirard), celle de lymnées, de planorbes avec des miliolites et des cérites dans la formation marine de Sergy près Pontoise , de calcaire d'eau douce entre deux bancs d'Huitres à Montmartre , de mélanges à Beauchamp, dans le Soissonais , à Epernay , etc., etc.

Mais, dira-t-on peut-être , si ces dépôts ont été formés simultanément dans un même bassin, comment les anoplothériums, qui vivaient sur les bords de celui-ci se rencontrent-ils presqu'exclusivement dans le gypse qui occupe le centre ? d'abord, répondrais-je : des ossements appartenant à des animaux de ce genre ont été trouvés

---

* Beaucoup de ces dépôts d'eau douce sont sans doute dûs à des sources calcaréo-silicifères submergées , et ils ont été formés à la manière des travertins et des dépôts modernes des lacs de Forfar décrits par M. Lyell (Champigny).

dans le calcaire grossier (Nanterre) et dans le calcaire
d'eau douce (Provins, etc.), mais ensuite est-il bien démontré que ces animaux de races perdues vivaient sur les
bords du bassin parisien ? C'est une question à laquelle, il
me semble que l'on peut répondre négativement lorsque
l'on a examiné les circonstances principales du gisement
de leurs squelettes ; et en effet ceux-ci sont presque toujours
entiers, ils ont été disloqués, brisés, plutôt par la pression
et le tassement des masses qui les compriment, que par le
transport ; les os ne sont point usés, roulés, ils ne sont
jamais accompagnés de cailloux, de sable, ni d'aucune
particule pesante étrangère, ils sont exactement enveloppés dans un véritable sel pierreux ou dans des marnes
d'une finesse et d'une homogénéité très grandes ; dans les
mêmes gangues, des squelettes d'oiseaux, de rongeurs de
la plus petite dimension n'ont perdu presqu'aucune de
leurs parties, et tous ces fossiles sont disséminés dans le
centre du bassin, sur le trajet du courant de l'est et du
sud'est, comme si ces courants les avaient apportés, et
ceux-ci n'ont pu le faire que lorsque, tuméfiés par les
gaz, les cadavres des animaux morts, pouvaient flotter à
la surface des eaux ; tous ces motifs semblent autoriser à
présumer que les anoplothériums, les palœthériums et autres animaux qui les accompagnent (*tortues d'eau douce,
crocodiles, poissons, oiseaux*, etc.) vivaient, non sur le
bord du bassin saumâtre, mais sur les rives et près de la
source des cours d'eau qui s'y déchargeaient (Auvergne).

Les cérites, espèces de mollusques qui vivent de préférence à l'embouchure des fleuves et surtout le petit groupe
particulier dont M. Brongniart a fait le genre *potamide* sont
aussi les animaux marins qui ont continué le plus long-
temps à vivre sur ce point ; en effet, après avoir trouvé les
potamides, d'une part, disséminées au milieu de couches
presqu'entièrement composées de coquilles marines triturées, et d'une autre, associées aux paludines, aux néritines,
aux cyclades, aux mélanopsides et autres coquilles d'eau

douce ; elles se voient encore dans les meulières, ce qui prouve qu'elles se sont propagées même lorsque le bassin n'était plus couvert que par des eaux marécageuses dans lesquelles végétaient des *chara* et vivaient des lymnées, des planorbes *.

Marnes vertes supérieures au gypse (f.).

A des précipités cristallins, à des sédiments fins et homogènes, succède tout-à-coup un nombre infini de lits d'argile, de marne, de calcaire qui indiquent que les eaux précédemment limpides ont été troublées et que de nouveaux matériaux ont été mis à leur disposition; plusieurs lits de coquilles d'huîtres, séparés dans quelques endroits (comme au sommet de Montmartre) par un lit de calcaire, rempli de planorbes et de lymnées; des débris de palais, de dents, d'ossements de poissons marins (*raies*) font présumer que tous ces matériaux étrangers les uns aux autres ont été repris à des dépôts plus anciens, et violemment entrainés dans un laps de temps assez court, après lequel il s'est déposé encore du gypse mais impur et en petite quantité; la source était-elle épuisée ou la direction du cours d'eau qui apportait le sel ou les éléments propres à le former avait elle changée? Cette dernière circonstance me parait être la plus probable et si l'on voulait se rendre raison des faits par une hypothèse qui n'aurait rien de surnaturel, on pourrait dire : que les terrains marno-gypseux, et muriatifères de la Lorraine étaient couverts par un lac dont le trop plein s'écoulait vers l'ouest, dans le

---

* L'abondance des potamides dans les terrains exclusivement lacustres de l'Auvergne et du Cantal pourrait faire croire aussi que celles que l'on trouve avec des coquilles fluviatiles et marines ont été apportées par des cours d'eau venant des lacs supérieurs.

bassin parisien : que ce même lac supérieur pouvait communiquer au midi avec le bassin d'Aix en Provence, et par là s'expliquerait la ressemblance des dépôts formés sur ce point avec ceux de la plaine Saint-Denis; qu'une dislocation du sol ayant ouvert les canaux par lesquels la Meuse et la Moselle s'écoulent encore, le lac lorrain se sera vidé, et qu'ainsi se seront taries les sources qui amenaient dans le bassin de Paris les eaux des Vosges ou du plateau élevé et disloqué dont ces montagnes sont les débris, etc.*.

Ce moment de trouble aurait eu pour résultat le brisement et le remaniement des débris organisés, déposés sur les rives marines, le mélange de ces corps avec la marne et les fossiles fluviatiles, et enfin le dépôt successif de couches de marnes vertes et jaunes qui recouvrent d'une manière si générale, si uniforme le calcaire grossier, le gypse et le calcaire siliceux.

Les huîtres qui, selon leur manière d'exister, étaient réunies en bancs sur les anciens fonds marins devenus peut-être rivages, ont été séparées à plusieurs reprises par les torrents bourbeux qui les ont répandues en nappes continues au milieu des marnes; car on ne peut croire que les petites huîtres que l'on trouve à Montmartre, Montmorency, Longjumeau et dans tant d'autres localités sont à la place où les animaux vivaient; les valves sont désunies, des points d'attache existent sur ces valves et elles sont libres; bien plus, ne voit-on pas à Montmartre trois bancs très peu épais et distants de petites et de grandes huîtres séparés par un petit lit de calcaire d'eau douce; ne trouve-t-on pas encore dans le même lieu un petit lit de tellines ou cythérées qui n'a qu'une coquille d'épaisseur et qui se

---

* Ceci est une pure hypothèse que je donne comme un exemple de la facilité que l'on a d'expliquer les faits sans avoir recours à des suppositions impossibles à admettre dans l'ordre actuel des choses, lequel ordre était évidemment celui des temps pendant lesquels se sont formés les terrains tertiaires.

retrouve à de grandes distances dans la même position, sans qu'une seule coquille semblable se voie à 6 pouces au-dessous et à 6 pouces au-dessus? Pourrait-on bien imaginer que les tellines, par exemple, n'existaient pas pendant le dépôt des marnes qui leur sont inférieures, qu'elles ont été créées, qu'elles ont vecu pendant le temps nécessaire pour que quelques lignes de la même marne se dépose, et que leur race était anéantie lorsque la même marne encore s'est déposée en dessus de leurs dépouilles?!

En poursuivant ma première hypothèse, on peut dire qu'après cette décharge du bassin supérieur, le bassin de la Seine ne communiquait plus avec celui du pied des Vosges, les eaux fournies par ces montagnes, s'écoulant alors comme elles le font maintenant vers le Rhin et peut être par la Saône dans le Rhône et la Méditerranée ; plus tard , les sédiments du calcaire siliceux ayant pris une épaisseur considérable dans le lieu qui aujourd'hui sépare le bassin de la Seine de celui de la Loire, une partie des eaux du courant sud , qui descendaient principalement de l'Auvergne et des Cévennes se déversèrent vers l'Océan; dèslors, les eaux du Morvan et de la Champagne furent presque les seules qui vinrent jusque dans le bassin de la Seine dont les affluents fluviatiles furent ainsi de beaucoup diminués.

Peut-être alors est-il arrivé ce qui arriverait dans le canal de la Manche si les eaux de la mer s'abaissaient de vingt-cinq brasses, c'est-à-dire qu'un lac fermé de toutes parts se sera trouvé entre deux golfes marins , que ses eaux se seront abaissées plus bas que le niveau des mers voisines, que la mer du nord, sans s'élever pour cela au-dessus de son niveau, aura franchi la digue sabloneuse qui la séparait du lac, qu'elle l'aura comblé petit à petit de *sables marins* (g.) Et changé ainsi en un marécage dont les bords et les hauts fonds furent bientôt habités par des plantes et des mollusques d'eau douce ; alors les sources silicifères et d'autres chargées de carbonate de chaux qui depuis long-temps déjà et avant l'introduction des sables marins débouchaient dans le bassin ou sourdaient de son fond déposèrent les *Meulières et Calcaires d'eau douce supérieures* (h.) jusqu'à ce qu'enfin la grande débacle des lacs de la Limagne et du plateau central, coïncidant, peut-être, avec la formation d'une partie des Alpes, l'ouverture du canal de la Manche et l'abaissement général du niveau des mers, soit venu couvrir les plaines marécageuses, de limon et de débris roulés et transformer ces plaines en une contrée ravinée qui, après l'écoulement des eaux, est devenue propre à l'établissement des plantes et des animaux terrestres qui précédèrent celui de l'homme et des sociétés.

Si le récit que je viens de faire, et que j'appellerai (si l'on veut), le roman historique de la formation des terrains parisiens, a pour base des événements réels, et s'il explique tous les faits positifs ; le bassin du Nord (celui de la Tamise), ainsi que celui du Midi (celui de la Gironde) seront restés long-temps encore sous les eaux marines après que le bassin de la Seine était devenu un lac, et dans ce dernier bassin on ne trouvera pas des dépôts de la mer aussi récents que dans les premiers ; dans ceux-ci, on pourra même observer des nuances graduées entre les dépôts anciens et ceux de la mer actuelle (Tours , Laoguan , Anvers, Angleterre, *Crag, Bagshot sand*).

En effet, l'observation vient à l'appui du raisonnement, et comme je l'ai déjà annoncé, en 1820, dans mon Mémoire sur la géologie des environs de Vienne en Autriche[*], une partie des derniers dépôts marins de ce pays , ceux de toutes les côtes de la Méditerranée, des collines sub-Apennines et du midi de la France , renferment beaucoup plus de fossiles analogues aux animaux qui peuplent les mers actuelles qu'aucun des sédiments formés en place dans le bassin de la Seine, de sorte que l'on peut croire par induction au moins, que ces différents points étaient sous

---

[*] *Journal de Physique*, 1821.

la mer lorsque le sol sur lequel repose Paris était depuis long-temps occupé par des eaux douces [*].

N'espérant pas avoir prévenu dans un exposé que je n'aurais pu abréger davantage sans me rendre inintelligible, toutes les objections que l'on peut opposer à ce que je présente comme un système, j'appelle ces objections avec le désir sincère, soit de parvenir à y répondre, soit d'abandonner mes idées si j'acquiers la preuve qu'elles sont erronées. De tout ce que j'ai avancé, je ne regarde comme certains que les faits ; mon but a moins été d'expliquer ceux-ci que de faire voir combien les explications précédemment proposées ont besoin encore d'être sévèrement discutées, je livre également mes opinions à la discussion la plus rigoureuse, je provoque même celle-ci, et je serai satisfait si je puis convaincre de mon zèle pour la recherche de la vérité.

---

[*] Cet énoncé alors nouveau, résultait de l'examen et de la comparaison que j'avais été à même de faire d'un assez grand nombre de fossiles des faluns de Tourraine, de Baynuls des Aspres, des collines sub-Apennines, que possédaient MM. Brongniart et Ménard de la Groye; il a été confirmé en 1828 par le travail de M. J. Desnoyers sur les terrains plus nouveaux que ceux du bassin de Paris (*Annal. des Sc. nat.* 1828), et par celui de M. Deshayes, résu'tant de la comparaison si habilement faite par ce studieux et savant conchyliologiste, des fossiles des différents bassins tertiaires ; récemment encore, M. Dufresnoy dans son mémoire sur les terrains tertiaires du midi de la France (*Ann. des mines,* 1835), vient de démontrer la justesse de cet aperçu au moyen d'observations nombreuses et positives.

OPINION exprimée par M. G. CUVIER, sur le Mémoire précédent de M. *Constant Prevost* (Extrait de l'analyse des travaux de l'Académie royale des Sciences, pour l'année 1827).

« Beaucoup de géologistes se croient autorisés à penser que
» la mer a envahi à plusieurs reprises la surface d'une partie
» de nos continents, et qu'il y a eu entre ses invasions des in-
» tervalles pendant lesquels cette surface était à découvert, et
» nourrissait des végétaux et des animaux terrestres. Ils fon-
» dent cette opinion sur les alternatives de couches remplies de
» productions de la mer, avec d'autres qui ne paraissent con-
» tenir que des productions terrestres.

» M. CONSTANT PREVOST n'a pas jugé cette manière de voir
» conforme aux faits qu'il a observés; et, dans un Mémoire
» présenté à l'Académie, il s'attache à prouver qu'entre les
» divers terrains de transport et de sédiment il n'existe aucune
» couche que l'on puisse regarder comme ayant formé une sur-
» face continentale, et ayant été couverte pendant long-temps
» de productions terrestres. Il en a vainement cherché des traces
» au contact des terrains marins et des terrains d'eau douce; il
» rappelle que les fleuves portent à de grandes distances des
» débris organiques de toute espèce, et que les eaux de la mer,
» accidentellement soulevées de leur bassin, font quelquefois
» irruption sur des terrains bas, dans des marais et des lagunes,
» dont le fond a dû être rempli auparavant de dépôts renfer-
» mant des débris de productions de la terre et de l'eau douce;
» il fait sentir enfin que, par diverses causes, le détroit de la
» Manche doit avoir sur son fond des alternations de couches
» fort analogues à celles qui constituent la partie inférieure de
» beaucoup de terrains tertiaires, et que, si le niveau en bais-
» sait de vingt-cinq brasses, il se changerait en un vaste lac,
» où il se formerait des dépôts très semblables à ceux qui com-
» posent la partie supérieure des mêmes terrains.

» Il essaie de faire une application de cette théorie à nos
» couches des environs de Paris, et après en avoir représenté
» la position relative au moyen de deux coupes transversales
» où l'on prend une idée assez nette des alternats, des mélanges
» et des enchevêtrements des divers dépôts, il tâche d'établir
» que les couches marines de la craie, du calcaire grossier, des
» marnes et des grès supérieurs, ont pu être formées dans le
» même bassin et sous les mêmes eaux que l'argile plastique,
» le calcaire siliceux, et le gypse lui-même, qui ne renferment
» essentiellement que des débris d'animaux et de végétaux ter-
» restres et fluviatiles. Le grand problème de la géologie est
» tellement indéterminé, qu'il offrira pendant long-temps de
» l'exercice aux combinaisons de l'esprit : heureux du moins
» lorsque ceux qui se livrent à ce genre de spéculation ont
» soin, comme M. Prévost, de chercher dans les faits des ap-
» puis à leurs conjectures. Ils enrichissent véritablement la
» science, pour peu qu'un rapport nouveau, une superpo-
» sition inaperçue, des débris jusque-là inconnus, s'offrent à
» leurs regards, et c'est seulement lorsque le trésor qu'ils con-
» courent à agrandir aura été complété, que l'on sera en état
» de rendre justice à leur sagacité, et d'assigner le degré de
» justesse avec lequel chacun d'eux avait conçu ses hypo-
» thèses. »

SUR

DES

EMPREINTES DE CORPS MARINS

TROUVÉES A MONTMARTRE,

DANS PLUSIEURS COUCHES DE LA MASSE INFÉRIEURE
DE LA FORMATION GYPSEUSE.

SOCIÉTÉ PHILOMATIQUE DE PARIS, LE 8 AVRIL 1809.

PAR MM. CONSTANT PRÉVOST ET A. DESMAREST.

MESSIEURS Cuvier et Brongniart, dans le Mémoire qu'ils ont lu à l'Institut, sur la *Géographie minéralogique des environs de Paris* *, donnent le nom de *formation gypseuse*, à une série de couches alternatives de marnes argileuses ou calcaire et de gypse.

Cette formation, qui recouvre celle du calcaire grossier et qui est inférieure à celle du sable et du grès marins, constitue avec cette dernière les collines isolées des environs de Paris, telles que Montmartre, Ménil-Montant, le mont Valérien, etc.

Ces savants ont divisé la formation gypseuse, comme l'avait fait M. Desmarest père, en trois *masses*, bien connues des ouvriers, et qui ne diffèrent entre elles que par le plus ou moins d'épaisseur des couches de

---

* *Journ. des Mines*, tom. 23, n° 138 : ce n'était qu'un premier essai. La première édition de la *Géographie minéralogique des environs de Paris*, qui parut en 1811, fait mention de notre découverte page 165.

9

gypse qui s'y trouvent, sans qu'aucune limite tranchée paraisse séparer l'une de l'autre.

Les couches de la formation du sable ou plutôt du grès marin, qui recouvrent les sommités des collines dont nous venons de parler, renferment des coquilles marines très nombreuses, et ces coquilles sont, ainsi que l'ont reconnu MM. Brongniart et Cuvier, analogues à celles de Grignon.

Les couches de marnes inférieures au grès et au sable, contiennent : les unes, des coquilles fossiles d'huîtres et des empreintes de tellines et de cérithes ; les autres, des troncs de palmier.

MM. Cuvier et Brongniart ont trouvé dans ces dernières couches à Romainville et à la butte Chaumont, des coquilles qu'ils rapportent au genre *lymnée*, dont les espèces vivantes ne se trouvent que dans les eaux douces.

La partie supérieure de la formation gypseuse proprement dite qui vient ensuite, ou la *première masse* des ouvriers (la troisième de MM. Brongniart et Cuvier), contient en presque totalité les ossements des mammifères inconnus, que ce dernier savant a décrits sous les noms d'*anoplotherium* et de *palæotherium* *. On y voit aussi quelques ornitholithes, des os de tortues et des débris de poissons.

On trouve, principalement dans la seconde masse gypseuse ou celle du milieu, des squelettes de poissons, mais ils y sont fort rares. On y rencontre, et moins fréquemment encore, des portions d'ossements d'oiseaux ** et de quadrupèdes ***.

Jusqu'à ce jour on ne connaissait aucun fossile dans la première masse ; (la *troisième* des ouvriers, ou la

---

* *Ann. du Mus., d'Hist. nat.*
** Dans le banc nommé les *nœuds*.
*** Dans les *moutons*.

plus profonde) celle qui doit recouvrir immédiatement la formation du calcaire grossier, si l'on en excepte cependant les *coquilles de vis avec leurs noyaux*, indiquées par M. Desmarest père dans son Mémoire *sur la Constitution physique des couches de Montmartre* [*]; mais cette indication avait été négligée [**].

La lecture du Mémoire de MM. Cuvier et Brongniart nous ayant inspiré le désir d'étudier sur les lieux la constitution géologique de Montmartre, nous y fîmes plusieurs courses, dans lesquelles nous nous proposâmes d'examiner successivement les diverses masses ou couches qui composent cette colline, et nous commençâmes par la masse la plus basse.

La carrière dans laquelle elle est le plus apparente, est abandonnée depuis longtemps ; elle est située au nord-ouest et au pied de Montmartre, près le lieu dit la *Hutte au garde*. Les couches y sont bien à découvert sur un développement de cent cinquante pas.

Après avoir reconnu l'aspect général et la superposition de différents bancs de gypse et de marne qui composent cette masse, nous nous proposâmes d'examiner la nature de chacun de ces bancs, et nous commençâmes ce travail par la partie supérieure de la carrière.

Nous étions parvenus à une couche de marne calcaire, n° 1 (*voyez* la *pl. I, fig.* 1), blanche, dure, à retraits et cassure conchoïdes, épaisse de 0^m, 49, située un peu au-dessous de la partie moyenne de la masse, et placée immédiatement après un banc de gypse nommé le *gros banc*, remarquable par son épaisseur, et par les sept ou huit bandes horizontales et non interrompue de cristaux gypseux qui y forment comme des espèces de franges, lorsque nous aperçûmes dans cette marne des indices,

---

[*] *Mém. de l'Inst.*, t. 5, p. 46, n° 3.

[**] Depuis la lecture de ce Mémoire nous avons eu occasion de connaître des Notes de Coupé, *Journ. de Phys.*, t. 61, p. 380, et nous y avons retrouvé aussi l'indication des coquilles fossiles dans la basse masse.

9,

à la vérité, fort rares et très peu caractérisés, de coquilles et d'autres corps fossiles.

Nous rappelant alors qu'il était généralement adopté de regarder cette masse comme dépourvue de débris d'êtres organisés *, nous conçumes l'espérance, en multipliant nos recherches, d'en découvrir quelques-uns assez caractérisés pour qu'ils pussent être comparés aux autres fossiles connus.

Nous recommençâmes donc nos recherches dans tous les bancs supérieurs à celui-ci, mais infructueusement. Alors nous portâmes notre attention sur ceux auquel il est superposé, et nous obtinmes bientôt un résultat satisfaisant.

Nous donnons ici la description détaillée des couches, à partir de ce premier banc, jusqu'au sol de la carrière.

Au dessous du banc (n° 1), nommé *marnes prismatisées* par M. Desmarest père, est un banc de gypse (n° 2), à grains serrés, présentant quelques cavités dans son intérieur, mais dans lequel on n'aperçoit aucun indice de coquilles. Sa surface supérieure est couverte de petits cristaux lenticulaires implantés : ce banc, qui a reçu le nom de *petit banc*, a 0ᵐ, 19 d'épaisseur.

Il est assis sur un banc de marne calcaire d'un mètre environ de puissance, qui paraît divisé en deux par un cordon formé de rosettes de cristaux lenticulaires ou en fer de lance, groupés ensemble, et de rognons de gypse niviforme. Toute la marne (n° 3), située au-dessus de ce cordon, est de couleur jaunâtre, et ne présente de retraits que vers sa partie supérieure. Celle qui est au-dessous (n° 4) est plus blanche, plus solide, et se divise naturellement en grands fragments anguleux dans toute son épaisseur.

Nous ne tardâmes pas à reconnaître des indices de coquilles dans la marne jaunâtre, et peu après nous nous assurâmes qu'elle était comme pétrie d'empreintes de ces corps.

---

* *Journ. des Mines*, n° 138, p. 443.

Ces vestiges, plus abondants à la partie inférieure de la marne jaunâtre qu'à la supérieure, ne sont que les empreintes extérieures de coquilles dont le test a totalement disparu ; mais leur bel état de conservation permet de les regarder, pour la détermination, comme les coquilles elles-mêmes. Nous devons dire cependant qu'en général elles paraissent avoir été comprimées, ce qui est beaucoup plus sensible encore pour les univales que pour les bivalves.

La partie du banc marneux (n° 4), inférieure au cordon de cristaux gypseux, ne nous a pas présenté la moindre trace de coquilles.

Au-dessous, sont deux bancs de gypse, l'un (n° 5), de 0^m, 22 d'épaisseur, et de l'autre (n° 7) de 0^m, 50, séparés par un petit lit de marne argileuse (n° 6) feuilletée, grisâtre, épais de 0^m, 05.

Ces deux bancs et le petit lit de marne forment ensemble ce que les ouvriers nomment le *banc rouge* ; le supérieur est d'un gypse à grain assez fin et sans cristaux apparents ; l'inférieur est à grain encore plus fin, et l'on remarque de petites lignes horizontales de cristaux gypseux à peine plus gros que des graines de millet.

Nous n'avons rencontré aucun fossile dans ces deux bancs, non plus que dans celui qui vient au-dessous (n° 8), lequel est formé d'une marne calcaire blanche tendre, et qui a 0^m, 16 d'épaisseur.

Ce dernier recouvre une marne argileuse feuilletée, grisâtre (n° 9), qui renferme dans son milieu un banc irrégulier de gypse à grain très fin : celui-ci est plus ou moins épais et manque quelquefois tout-à-fait.

Tous les feuillets de cette marne renferment des débris de corps rameux, brunâtres, que nous n'avons pu déterminer, mais qui ont l'apparence de plantes marines.

Vient ensuite un banc épais de 0^m, 16, nommé *caillou blanc* (n° 10), dans lequel nous avons retrouvé les empreintes et les moules de coquilles annoncées par M. Desmarest père, et dont nous avons parlé plus haut. Ces coquilles, du genre des cérithes, sont semblables à l'une de celles qu'on voit si abondamment dans les couches moyennes de la formation calcaire; elles diffèrent, non-seulement par leurs caractères, de celles que nous avons trouvées dans la marne jaune à 1ᵐ, 50ᶜ au-dessus, mais encore elles ont cela de particulier, qu'elles ne sont point comprimées et qu'elles présentent un moule intérieur. La pâte qui les renferme est un calcaire marneux blanc, dur, solide, à grain très serré.

Un petit banc de gypse (n° 11) de 0ᵐ, 11, au milieu duquel se trouvent des moules intérieurs des mêmes cérithes de la pierre à bâtir, sépare ce calcaire solide d'un autre banc de calcaire marneux blanc et très friable (n° 12), nommé *souchet* par les ouvriers; ce dernier, épais de 0ᵐ, 22, semble entièrement formé d'empreintes extérieures de coquilles turriculées, qu'on ne saurait rapporter plutôt au genre des turritelles qu'à celui des cérithes. On y voit de plus des bivalves striées.

Après un lit de marne argileuse brune feuilletée (n° 13), qui vient immédiatement au-dessous, se trouve un grand banc de gypse (n° 14), dont nous n'avons vu que 0ᵐ, 66 apparents au-dessus du sol actuel de la carrière. Ce banc, nommé *pierre blanche* par les ouvriers, est d'un gypse assez pur, si l'on en excepte les 0ᵐ, 08 premiers centimètres qui forment comme une assise particulière mêlée de calcaire (n° 15).

Nous ignorons l'épaisseur réelle du dernier banc de gypse et la nature des couches qu'il recouvre ; nous savons seulement, d'après le Mémoire de M. Desmarest père, qui a visité cette carrière lorsqu'elle était exploitée, et que les déblais n'en avaient pas encombré le fond, qu'il est superposé à de *la terre glaise*.

Après avoir ainsi déterminé la position des amas de fossiles que contient la masse inférieure du gypse de

Montmartre ; après avoir reconnu que ces amas, au nombre de deux sont séparés par un banc de gypse de 0ᵐ, 57 d'épaisseur (*le banc rouge*), et que plus bas il existe encore un autre banc de gypse très épais ; nous nous occupâmes de l'examen particulier des empreintes que nous venions de trouver.

La première chose qui nous frappa, ce fut l'analogie parfaite des empreintes de la marne jaunâtre, n° 3, avec les coquilles fossiles de Grignon *, dont les formes sont tellement semblables à celles des coquilles marines vivantes, qu'on ne doute pas aujourd'hui qu'elles n'aient vécu comme elles dans les eaux de la mer.

Ce qui nous surprit ensuite, ce fut de voir ces empreintes analogues aux coquilles de Grignon superposées ici, à celles des coquilles des couches moyennes de la formation calcaire, tandis que dans toutes les autres positions connues, elles sont situées au-dessous **.

Néanmoins, pour nous assurer de la vérité de ce premier aperçu, nous nous sommes occupés de la comparaison et de la détermination des espèces que nous avions recueillies, d'après la collection et les mémoires de M. de Lamarck, et nous les présentons à la Société en y joignant tous les analogues que nous avons pu nous procurer.

Les fossiles de l'amas supérieur ou de la marne jaunâtre, analogues à ceux de Grignon, et dont le nombre se monte déjà à plus de vingt, sont :

1 calyptrée (*calyptrea trochiformis*).
1 rocher (*murex pyraster*).
4 cérithes.
2 turritelles (*turritella imbricataria* et *terebra*).
2 volutes (*voluta citharea* et *muricina*).
1 ampullaire (*ampullaria sigaretina*).

---

* M. Coupé avait reconnu cette analogie.
** Préjugé de l'École à laquelle nous appartenions !

5 bucardes, dont le (*cardium porrulosum*).

1 crassatelle (*crassatella lamellosa*).

2 tellines, dont la (*tellina rostralis*).

1 cithérée (*citherea semi sulcata*).

2 manches de couteau (dont un grand très approchant du *solen vagina*).

4 corbules, parmi lesquelles les *corbula gallica* et *striata*, et peut-être l'*anatina*.

Outre les vestiges de coquillages dont nous venons de donner l'énumération, on trouve aussi dans cette marne jaunâtre des empreintes de deux espèces d'oursins d'une assez grande dimension, appartenant au genre des spatangues et dont les analogues sont rares à Grignon.

On y voit également des carapaces d'un crabe du genre *maja*, et d'autres d'un petit *dromia* ou *calappa* granulés, une grande quantité de débris de pinces et autres pattes de crustacés, et des zoophites marins voisins des sertulaires, que nous nous proposons d'examiner et de décrire [*].

MM. Roëmer, naturaliste saxon, et Ingelhardst, naturaliste russe, qui ont étudié cette marne à peu près en même temps que nous, y ont trouvé des vertèbres de poissons, lesquelles avaient neuf lignes environ de diamètre, ce qui fait supposer qu'elles ont appartenu à un individu d'une assez grande taille. Nous y avons découvert de petits glossopètres de forme allongée, et assez semblables, pour la grandeur et pour la forme, à ceux qu'on rencontre dans la craie de Meudon.

Enfin c'est dans cette même marne que nous avons observé des retraits symétriques très remarquables, qui feront le sujet d'une note particulière (*voyez* ci-après).

---

[*] Ce sont sans aucun doute *les formes d'insectes gros comme des crevettes moulées avec leurs antennes et leurs anneaux*, dont parle Coupé, p. 388 de son Mémoire.

Ces empreintes décrites d'abord sous le nom d'*amphitoïte parisienne* ont été reconnues depuis pour appartenir à un végétal marin du genre zostera.

Les cérithes du banc calcaire solide et du banc de gypse de l'amas inférieur, se rapportent aux *cerithium petricolum* et du *cerithium terebrale* de M. de Lamarck, et sont par conséquent analogues, surtout le premier, à ceux du calcaire de moyenne formation.

MM. Brongniart et Cuvier ont fait connaître, ainsi que nous l'avons déjà dit, que les fossiles renfermés dans les grès du sommet de Montmartre étaient analogues à ceux de Grignon.

Les coquilles que nous avons trouvées dans la couche de marne jaunâtre, sont également semblables à celles de Grignon.

Ne sommes-nous pas fondés à conclure de cette double analogie *que les animaux, représentés par les uns et par les autres ont vécu dans la même mer ;* mais il faudrait qu'ils eussent été déposés à des époques différentes, puisque l'on a trouvé (très rarement à la vérité), dans les couches qui séparent les deux dépôts, des vestiges de coquilles, que Lamanon * (pour ceux qu'il cite dans les gypses de Montmartre) et MM. Brongniart et Cuvier (pour ceux qu'ils ont observés dans les marnes de Romainville, supérieures au gypse) regardent comme ayant appartenu à des animaux qui auraient vécu dans l'eau douce.

De tout ce qui précède, il résulte principalement que nous nous sommes assurés que les débris marins renfermés à Montmartre, dans la basse masse, soit dans les marnes calcaires, soit dans le gypse, soit enfin dans les couches calcaires solides ou tendres qui y sont intercalées, alternent dans le fond de cette masse avec des bancs de gypse assez puissants.

Ce fait incontestable nous autorise à adopter cette conclusion :

Que : si la présence de quelques fossiles semblables à nos coquilles fluviatiles vivantes, suffit pour faire regarder

---

* *Journ. de Phys.*

la première ou haute masse gypseuse, et les premiers lits de marne qui la recouvrent, comme ayant été déposés dans l'eau douce ;

L'existence d'une grande quantité d'espèces, bien reconnues pour marines dans la troisième ou basse masse, peut faire penser avec autant de raison, que cette masse a été déposée dans les eaux de la mer ; et qu'ainsi, contre l'opinion de Lamanon, le gypse a pu être tenu en dissolution, et dans l'eau de mer et dans l'eau douce.

Tels sont les faits nouveaux qui nous ont paru pouvoir intéresser, et que M. Brongniart lui-même nous a engagé à communiquer à la Société philomatique.

Je tiens à faire remarquer que cette première observation faite il y a déjà plus de 28 ans, et proposée dès lors, comme une difficulté sérieuse, pour l'adoption de l'hypothèse des remplacements alternatifs des eaux marines par les eaux douces, a été la cause déterminante des recherches multipliées auxquelles je me suis livré, et celle du système d'opposition dans lequel j'ai été entraîné, en essayant de combattre quelques idées théoriques qui me parurent contraires aux faits.   C. P.

SUR ?

DES

FORMES RÉGULIÈRES

AFFECTÉES PAR UNE MARNE DE MONTMARTRE.

SOCIÉTÉ PHILOMATIQUE, LE 15 AVRIL 1809.

Par MM. A. DESMAREST et Constant PRÉVOST.

Dans le mémoire qui précède, nous avons annoncé la découverte des formes régulières qui font l'objet de la présente note.

En recherchant les empreintes de coquilles contenues dans le banc de marne calcaire jaunâtre (no 3 de la coupe que nous avons donnée), situé entre le *petit banc* de gypse et le cordon horizontal de cristaux séléniteux, nous aperçûmes sur un bloc de cette marne, une impression triangulaire striée que nous prîmes au premier aspect pour l'empreinte d'un corps étranger; ayant continué de briser le morceau de marne qui présentait ce vestige, nous fûmes surpris de voir se découvrir une nouvelle face triangulaire semblable à la première, et se joignant à celle-ci comme le font entre elles deux faces contiguës d'une pyramide quadrangulaire à base rectangle.

Cet indice nous fit soupçonner l'existence de deux autres faces semblables à celles que nous avions déjà découvertes; et en effet, nous ne tardâmes pas à les obtenir.

Nous eûmes alors une pyramide quadrangulaire complète et régulière, dont toutes les faces étaient striées parallèlement à leur base : ces stries n'étant pas d'ailleurs d'une parfaite régularité, et étant plus ou moins espacées entre elles.

Une forme aussi régulière, plusieurs empreintes striées que nous aperçumes sur différents morceaux de marne, et la manière enfin dont nous avions obtenu cette pyramide, ne nous permirent pas d'en attribuer la formation au hasard ; mais l'ayant trouvée dans un endroit naturellement très humide, et dont la marne était si molle qu'on pouvait presque la pétrir, nous pensâmes d'abord que cette circonstance de l'humidité était nécessaire pour faciliter la séparation des pyramides, de la masse dans laquelle elles sont engagées.

De nouvelles recherches nous firent bientôt renoncer à cette idée ; car nous trouvâmes dans plusieurs parties de la couche où la marne était très sèche, un assez grand nombre de pyramides toutes semblables, par leur forme, à la première, et dont la base variait en longueur de 55 millimètres (2 p. 1/2) à 18 millimètres (8 lig.).

Leur position dans le banc de marne jaunâtre était assez irrégulière ; cependant nous remarquâmes qu'elles étaient beaucoup plus abondantes auprès du cordon de gypse en cristaux, qu'à la partie moyenne du banc, et qu'elles ne se trouvaient jamais à sa partie supérieure.

Ayant obtenu toutes ces pyramides par la découverte successive des quatre faces qui les composent, nous imaginâmes qu'avec quelques précautions, il ne serait peut-être pas impossible de retrouver de secondes pyramides opposées base à base aux premières, et formant par conséquent avec elles des octaèdres.

Nous cherchâmes donc à rompre avec soin la masse inférieure à chacune des pyramides que nous avions déjà mises au jour, mais nous ne parvînmes jamais à déterminer de nouvelles faces régulières ; ainsi nous fûmes conduits à réformer cette première idée.

Jusqu'ici nous n'avions pas porté notre attention sur la gangue de marne, au milieu de laquelle se trouvent les pyramides, lorsqu'ayant par hasard brisé un morceau de cette gangue, nous vîmes s'y déterminer de nouvelles faces triangulaires striées qui semblaient correspondre à celles de la pyramide que nous en avions déjà retirée. Avec de la précaution, nous remarquâmes que chacune de ces faces appartenait à d'autres pyramides semblables à la première, et nous observâmes que toutes ces pyramides se touchaient par leurs faces.

Nous cherchâmes à déterminer si cette nouvelle manière d'être de nos formes régulières était constante, et l'examen attentif des gangues de toutes les pyramides que nous trouvâmes ensuite, nous donna la certitude des faits suivants :

1º Il n'y a aucune différence de nature entre la marne environnante et celle de la pyramide; l'une et l'autre sont évidemment calcaires, puisqu'elles contiennent 84 parties environ de carbonate de chaux sur 100, et que toutes deux renferment des empreintes de coquilles.

2º Ces pyramides, disséminées dans la marne à laquelle elles sont attachées par leur base, ne sont jamais complétement isolées, et elles sont toujours au nombre de six réunies ensemble.

3º Ces six pyramides se touchent toutes par leurs faces, les sommets étant au centre et les bases à l'extérieur; de cette réunion, il résulte une sorte de cube dont les faces ne sont pas libres, mais dont les arêtes sont déterminées par les contours des bases des six pyramides.

Les faces de ces dernières établissent dans l'intérieur de cette sorte de cube, douze plans triangulaires qui partent de chacune des arêtes et se terminent au centre.

Nous avons essayé de donner une idée de cet arrangement dans les figures ci-jointes (*pl. I, fig. 5*).

La première (*a*) représente les pyramides se touchant et formant le cube par leur réunion.

La seconde (*b*) laisse voir les six pyramides écartées artificiellement.

Cette disposition indique clairement que chaque pyramide doit avoir pour hauteur la moitié de sa base (ce qui est en effet), et en cela elle diffère des pyramides de l'octaèdre régulier, dans lesquelles la hauteur est égale aux deux tiers de la base.

Ici se termine l'exposé des observations que nous avons faites sur ces formes singulières, de l'origine desquelles il nous paraît très difficile de rendre compte ; nos dernières recherches ont détruit successivement plusieurs conjectures que nous avions formées ; ainsi nous n'en hasarderons aucune en ce moment ; le temps seul et de nouvelles observations nous conduiront peut-être à une explication satisfaisante.

Je joindrai à la note précédente un extrait de l'article *marne* que j'ai publié en 1826, dans le Dictionnaire classique d'Histoire naturelle : il contient des faits nouveaux relatifs au même sujet, et l'exposé de mon opinion sur les causes productrices de ces faits.   C. P..

...... En perdant l'eau qui les tenait délayées et en se désséchant, les marnes ont affecté différentes formes, les unes se sont fendillées dans tous les sens, d'autres se sont divisées par le retrait en parallélipipèdes et même en colonnes prismatiques analogues à celles des basaltes.

Le premier, avec notre ami Desmarets, nous avons fait connaître, il y a plus de seize années, une sorte de retrait encore plus remarquable (*Mémoire précédent*, mars 1809). Nous l'avions observé d'abord dans une couche de marne calcaire jaunâtre remplie en même temps de cristaux de sélénite et de nombreuses empreintes de coquilles marines, qui fait partie de la basse masse de pierre à plâtre visible alors dans une carrière dite la *Hutte au garde*, au pied de Montmartre.

Depuis lors, cette même couche a été suivie dans toute

la ceinture nord de Paris, à partir de Passy jusqu'au faubourg du Temple, et elle a présenté les indices d'un semblable retrait. Dernièrement encore nous venons d'en retrouver des exemples remarquables par certaines modifications particulières, dont nous parlerons ci-après, dans des marnes calcaires très dures qui accompagnent les deux bancs d'huîtres fossiles supérieurs au gypse à Montmorency, Moulignon, Saint-Prix.

Voici ce que l'on observe dans les premières marnes que nous avons citées, c'est-à-dire dans celles de Montmartre : si l'on frappe un bloc de marne pour le briser, il s'en détache souvent une pyramide à quatre faces striées assez profondément, et parallèlement aux côtés de sa base qui sont à peu près égaux entre eux et ont d'un à six pouces de longueur; la hauteur de la pyramide est environ égale à la longueur de chacun de ses côtés, et son sommet est obtus (*pl. I*, *fig.* 1, *a*).

La cavité pyramidale laissée dans le bloc de marne, paraît au premier aspect n'être que le moule ou l'empreinte de la pyramide qui vient de se détacher, mais en examinant et séparant avec précaution le bloc, on s'apperçoit bientôt que la cavité a pour parois quatre faces d'autant de pyramides semblables à la première et dont les sommets se réunissent en un point central.

Enfin, le système se complète par une sixième pyramide, dont le sommet est directement opposé à celui de la première pyramide (*pl. I*, *fig.* 2, *b*). Pour se faire une idée exacte de cette disposition, qu'il est difficile d'expliquer sans figure, il faut se représenter un solide cubique, imaginer des plans qui, de chacune des arêtes du cube, passent à l'arête qui lui est diamétralement opposée et se figurer quelle sera la division opérée dans la masse solide par l'intersection de ces différents plans; il est évident qu'il en résultera six pyramides semblables, dont tous les sommets seront réunis au centre du cube et qui auront chacune pour base l'une des faces de celui-ci.

On voit encore que chaque face des pyramides sera en contact immédiat avec l'une des faces d'une autre pyramide ; toutes ces circonstances sont offertes par le mode de retrait que nous cherchons à décrire, à l'exception qu'on ne peut pas supposer dans la marne, la préexistence de solides cubiques, car la base de chacune des six pyramides, qui serait l'une des faces du cube, n'est jamais libre et apparente ; elle se confond toujours avec la masse de marne (*pl. I, fig. 3*).

Avant que d'avoir bien conçu cet assemblage de six pyramides, et lorsqu'on en trouva isolément quelques-unes, on fût tenté de regarder chacune d'elles comme des moitiés d'octaèdre. Aussi malgré l'explication que nous avons donnée dans le temps, nous avons souvent entendu citer sous le nom d'octaèdres de Montmartre, les formes régulières que nous avions observées et décrites. Serait-ce aussi de cette manière qu'il faudrait entendre ce que dit de Born, des marnes présentant des octaèdres ? et Emmerling, qui rapporte que l'on a trouvé dans les marnes, des pseudo-cristaux, ayant la forme d'une pyramide à quatre faces doubles ; a-t-il voulu indiquer autre chose que ce mode de retrait ?

Il nous a toujours paru évident que l'on ne saurait attribuer cette division si singulièrement régulière à une cristallisation, et qu'elle ne pouvait avoir été que le produit d'un retrait par desséchement.

La solution de cette question a excité l'attention de plusieurs savants ; Girard a recherché si la division observée n'avait pas pu être occasionée par une pression comparable à celle exercée sur l'une des deux faces parallèles d'un solide prismatique, et particulièrement d'un cube dont l'autre face serait appuyée sur un plan résistant.

Ce savant ingénieur étayait sa supposition par des calculs rigoureux, et par les observations entreprises par Colomb et Rondelet, pour connaître la force avec laquelle les différentes pierres employées dans les constructions

résistent au poids des masses dont elles sont chargées. En
effet Rondelet avait vu que les cubes de matière homogène,
de pierre calcaire, par exemple, étant fortement compri-
més sur deux faces parallèles, se partageaient en six pyramides semblables ; mais par cette explication ingénieuse,
on ne peut rendre raison des stries que présentent les faces
des pyramides qui devraient être lisses, et de plus on rencontre plusieurs réunions de pyramides dans la même couche, placées suivant des axes qui se croisent, ce qui ne peut
s'expliquer dans l'hypothèse de la pression ; on remarque
encore que les sommets des six pyramides sont obtus et
qu'ils laissent entre eux un vide qui au lieu de faire présumer une pression, indique au contraire un écartement
ou retrait. C'est cette dernière observation qui lie les faits
précédents à ceux non moins curieux qui nous restent à
rapporter. Dans la marne calcaire très compacte des sommets de Montmorency, Moulignon, Saint-Prix, j'ai observé
des cavités cubiques dont les plus petites ne sont visibles
qu'à la loupe, et dont les plus grandes n'ont que quelques
lignes de diamètre ; je fus longtemps sans pouvoir me rendre compte d'une telle régularité. Je vis que plus ces cavités étaient grandes, et moins les parois en étaient planes;
celles-ci devenaient de plus en plus convexes, de sorte
que les angles de réunion étaient aigus (*pl. I, fig.* 4). Il
me fut facile de concevoir qu'en exagérant par la pensée
cet effet croissant, la masse solide au centre de laquelle
était la cavité cubique, serait divisée en six pyramides,
qui auraient chacune pour sommet la paroi convexe de la
cavité, et je reconnus alors dans chacune de celles-ci
l'origine d'une division pyramidale analogue à celle des
marnes de Montmartre. Ma conjecture ne tarda pas à
devenir une vérité démontrée, car je trouvai dans les
mêmes couches des pyramides isolées. L'identité d'origine
ne peut donc plus être contestée, pas plus, à ce qu'il me
semble, que la cause, qu'il faut regarder comme un mode
de retrait particulier, dont le caractère serait d'avoir

commencé dans plusieurs points isolés au milieu d'une masse plus ou moins molle. Mais qui a déterminé le retrait à commencer ainsi? C'est ce que nous ne saurions expliquer. Nous nous contenterons de faire remarquer que si dans une pâte humide, une cause quelconque vient faire qu'un point central se dessèche plus tôt que ceux qui l'environnent (la disparition, par exemple, d'une ou plusieurs molécules d'eau, qui se combineraient chimiquement avec d'autres molécules accessoires dans la pâte), les molécules s'écarteront de ce point dans des directions opposées, et la pâte diminuant de volume en raison inverse de son éloignement du point central où a commencé le desséchement, il se fera nécessairement des solutions de continuité ou des fentes qui auront lieu suivant les diagonales des forces les plus rapprochées.

Si le retrait s'opère dans six directions principales opposées les unes aux autres, douze fentes seront produites chacune sur la ligne intermédiaire, entre deux forces perpendiculaires l'une à l'autre, à partir du point central, et le résultat sera la division de la pâte en six pyramides, dont la hauteur et la largeur croîtront avec le desséchement, et dont par conséquent les bases ne sauraient exister réellement.

Le phénomène n'aura-t-il pas, quant aux effets, beaucoup d'analogie avec ceux de la pression extérieure, quoique produit par une cause agissant du dedans au dehors.

Depuis la rédaction des notes précédentes j'ai été conduit par de nouvelles observations, à entreprendre des expériences, pour constater la marche des phénomènes de retrait et pour en analyser les causes; je n'entrerai point ici dans des détails que je réserve pour un travail spécial non encore terminé; mais j'énoncerai quelques propositions qui résument en partie les résultats que j'ai obtenus jusqu'à ce moment.

1° Toute masse solide ou pâteuse qui se refroidit ou se dessèche diminue de volume.

2° Cette diminution de volume ne peut avoir lieu sans qu'un changement réel n'ait lieu dans les distances qui séparent les molécules composantes de la masse.

3° Si le changement s'opère d'une manière lente, graduée, uniforme, c'est-à-dire si le rapprochement de toutes les molécules se fait dans les mêmes proportions et avec la même vitesse, la diminution totale de la masse s'opère sans solution de continuité apparente.

4° Si au contraire la marche des molécules a lieu irrégulièrement et dans des directions différentes et opposées, il se produit des lignes de séparations, des fissures, des fentes, des vides, dans des points intermédiaires.

5° Tantôt les solutions de continuité commencent à la surface des masses et elles se prolongent graduellement dans leur épaisseur (*filons en coins*) tantôt elles commencent au centre et se propagent en rayonnant vers leur circonférence (*géodes, ludus*).

Les divisions naturelles si variées, en tables, feuillets, parallélipipèdes, boules, colonnes ou prismes, pyramides, etc., que présentent en grand et en petit, les masses minérales d'origine ignée comme celles d'origine aqueuse sont également dues à la manière dont s'est opéré le retrait.

6° Les effets du retrait varient non-seulement avec la nature minéralogique des substances, mais encore en raison de leur homogénéité, de la rapidité avec laquelle s'opère le réfroidissement ou le desséchement, et de la quantité proportionnelle de diminution de volume.

Ces effets sont modifiés de mille manières par la présence de corps étrangers dans les masses ou à leur surface, par la forme de celle-ci, par leurs points d'adhérence et par toutes les circonstances qui peuvent s'opposer à la marche régulière des molécules ou bien les faire devier de leur direction primitive.

7° D'après l'observation; la marche des molécules peut se faire dans une masse de même nature soit vers des plans, soit vers des centres, soit vers des axes et il en résulte des tables, des boules, des prismes (basalte, porphyre, granit, calcaire, marne, argile).

8° Suivant que les molécules immobiles ou points fixes vers lesquels tendent les molécules mouvantes sont distribués ou espacés symétriquement ou non dans la même masse, celle-ci se trouve partagée régulièrement ou irrégulièrement.

9° Si dans une masse homogène, on considère, par hypothèse, les molécules immobiles comme des points d'attraction pour les molécules qui s'en rapprochent, on peut remarquer que les solutions de continuité se font généralement suivant la perpendiculaire à la ligne qui joindrait les deux forces antagonistes.

La figure 5 de la planche I est une représentation exacte des divisions qui se voyent dans une géode de marne calcaire compacte qui fait partie de la collection du Muséum; chaque prisme de marne est enduit d'un petit

10.

dépôt de chaux carbonatée fibreuse brune, et l'intervalle est rempli par de la chaux cristallisée blanche; on peut voir que les lignes de séparation coupent à angle droit les lignes qui vont d'un centre ou axe à un autre. J'ai fréquemment observé la même chose dans les basaltes et les laves ainsi que dans les marnes argileuses et dans les géodes de strontiane carbonatée.

On peut entrevoir un principe analogue dans la manière dont se fendille le vernis de la faïence.

La figure 7, quoique théorique exprime comment les prismes que présentent fréquemment les roches volcaniques peuvent être des hexagones parfaits ou des polyèdres a un plus ou moins grand nombre de pans irréguliers selon la disposition relative des axes de retrait.

La figure 6 explique la division globulaire régulière ou irrégulière d'après le même principe.

10° Le mouvement des molécules qui s'opère dans les masses solides ou pâteuses par le refroidissement ou le dessèchement ne produit pas toujours des solutions de continuité et des vides réels, il donne seulement à de certaines parties plus de densité qu'à d'autres et les différences apparaissent lors de la désagrégation ou de la décomposition des masses ou roches.

11° Les effets de la cristallisation peuvent coïncider avec ceux de la diminution de volume par retrait, et être la raison d'après laquelle la désagrégation se propage dans les granit, porphyre, basalte, schiste, etc.

SUR

UN NOUVEL EXEMPLE DE LA RÉUNION

DE COQUILLES MARINES

ET DE

COQUILLES FLUVIATILES FOSSILES

DANS LES MÊMES COUCHES.

JOURNAL DE PHYSIQUE, JUIN 1821.

L'une des conséquences les plus importantes que l'étude raisonnée des corps organisés fossiles ait fournies, c'est que les dernières couches ou enveloppes qui revêtent le globe terrestre et qui ont été évidemment formées par sédiment n'ont pas été déposées par le même liquide, mais alternativement par des eaux salées et par des eaux douces, ce qui a fait supposer ou des modifications successives dans la nature des mêmes eaux, ou le retour et la retraite de la mer à plusieurs reprises dans le même lieu et après un temps considérable.

Si l'esprit d'exactitude qui maintenant dirige les naturalistes et principalement les géologues, leur fait abandonner les hypothèses frivoles, il ne leur interdit pas cependant de rechercher dans des causes secondaires l'explication des faits qu'ils observent, ou, dans un autre sens, de se livrer à des conjectures sur la nature de ces causes.

Bien différentes des hypothèses, les conjectures théoriques sont aussi utiles aux progrès de la science que les premières ont été un obstacle à son avancement ; elles sont le lien et l'expression des faits connus ; c'est par elles que l'observateur est conduit d'une découverte à de nouvelles découvertes, et qu'il est mis en garde contre les illusions et l'erreur.

Depuis que l'on ne considère plus l'histoire naturelle, proprement dite, comme devant conduire seulement à la connaissance empirique et superficielle de chacun des corps de la nature, et que l'on est bien convaincu de la nécessité de connaître essentiellement les rapports que ces divers corps ont entre eux, ainsi que les relations qui se trouvent nécessairement exister entre l'organisation, la forme, les propriétés, les usages et habitudes de chacun, un vaste champ s'est ouvert devant l'observateur, et la science est assez avancée pour qu'un fait bien simple en lui-même puisse occuper l'esprit, en acquérant une grande importance par ses liaisons avec d'autres faits ; souvent une vérité d'un haut intérêt peut s'établir ou acquérir plus de force sur l'ensemble d'observations que l'on croirait insignifiantes, considérées isolément.

L'étude des rapports naturels qui existent entre les formes, l'organisation et les propriétés et habitudes des végétaux, a donné aux botanistes qui ont su en apprécier la valeur, les moyens de généraliser l'histoire des plantes qu'une même structure rassemble dans une seule famille, au point que guidé par une analogie raisonnée, on peut arriver à prédire aujourd'hui les propriétés utiles ou nuisibles, et l'habitation probable d'une plante nouvellement connue, d'après ses rapports avec telles ou telles plantes. déjà étudiées.

La même coïncidence n'existe pas moins entre l'organisation, les formes, le *facies* des animaux et leurs mœurs et habitudes. C'est cette vérité bien sentie et surtout bien appliquée, qui a forcé de conclure que parmi les débris fossiles de corps organisés, conservés dans les couches modernes de la terre, ceux qui présentent un certain nombre de caractères communs avec les animaux de nos mers, doivent avoir vécu comme eux dans des eaux salées, tandis que ceux qui ressemblent aux êtres que nourrissent les fleuves et les lacs actuels ont dû exister également dans des eaux douces. La conclusion était rigoureuse, et la distinction des formations marines et des formations d'eau douce, établie d'abord sur quelques points, d'après les débris fossiles, a été confirmée par un grand nombre d'observations ultérieures.

Cependant la superposition alternative, et plusieurs fois répétée dans le même lieu, du produit des eaux douces et des produits de la mer, paraissant ne pouvoir s'expliquer que par la retraite et le retour de celle-ci à une grande élévation ; la supposition d'un phénomène si remarquable et si difficile à concevoir dans l'état actuel du globe, d'après les connaissances géogéniques acquises, n'a pu être adoptée définitivement sans un examen attentif. Beaucoup de géologues ont cherché et cherchent encore, si l'on ne pourrait pas expliquer la présence de productions alternativement différentes dans un même lieu , par un autre moyen que par celui de l'abaissement et de l'élévation itératifs des eaux de l'Océan.

Cette réserve apportée à l'admission de vérités nouvelles, est bien plus favorable au progrès des sciences que l'enthousiasme emphatique qui porte à embrasser aveuglément , et sans examen, les idées séduisantes, sur la foi de l'auteur qui les publie. Le doute en science n'est injurieux pour personne ; car il faut toujours supposer que la bonne foi dirige les objections comme elle a présidé à l'annonce des opinions que l'on cherche à réfuter.

Ainsi, lorsque MM. Cuvier et Brongniart ont avancé qu'après avoir quitté le sol parisien pendant tout le temps nécessaire au dépôt des gypses, la mer était revenue une seconde fois couvrir les points les plus élevés du même sol , parce que entre les dépôts marins du calcaire à cérites et celui des grès coquillers qui surmonte le gypse, on trouve les couches nombreuses et épaisses de celui-ci qui renferment exclusivement des coquilles, des débris de poissons, de reptiles, de mammifères, et de plantes analogues aux êtres qui habitent les eaux douces actuelles ou leurs bords ; plusieurs savants cherchèrent à voir par des expériences directes, si des eaux salées progressivement ne pourraient pas convenir à nos animaux d'eau douce ; mais les expériences ingénieuses qui ont été tentées à ce sujet, eussent-elles prouvé sans réplique que des lymnées et des planorbes, par exemple, peuvent ne pas périr par l'effet d'un long séjour dans les mêmes eaux qui nourrissent les huîtres et les autres espèces de mollusques marins, il resterait encore bien des explications à donner : en effet, pourquoi, dans des dépôts d'une épaisseur considérable et d'une nature bien caractérisée, cette réunion exclusive d'êtres de classes très différentes, mais ayant cette seule analogie commune qu'ils ressemblent à ceux des mers, tandis que dans d'autres dépôts placés immédiatement dessous ou dessus les premiers, on voit des êtres qui ne rappellent que les habitants des eaux douces ?

Si le même liquide avait pu nourrir les uns et les autres, pourquoi ne trouverait-on pas leurs débris pêle-mêle partout, puisqu'on voit les uns et les autres, dans les parties les plus anciennes comme dans les plus modernes des terrains tertiaires ? Il est vrai que quelques couches présentent ce mélange de productions marines et de productions d'eau douce, et cette objection d'autant plus forte, que le fait est présenté isolé des circonstances qui l'accompagnent, a été faite aux auteurs de la Géographie minéralogique des environs de Paris ; mais l'examen attentif des localités semble avoir démontré que ces derniers faits peu nombreux ne sont que des exceptions à la règle générale qu'ils confirment plutôt qu'ils ne la détruisent. En effet, le mélange a rarement lieu dans des couches d'une épaisseur considérable ; jamais il n'est en partie égale ; les bancs qui le présentent appartiennent à des terrains meubles et de transport, comme des grès et des marnes ; la nature de ces bancs ne présente exclusivement ni les caractères minéralogiques des terrains regardés comme évidemment marins, ni ceux des terrains appelés d'eau douce ; et en outre, c'est généralement au point de contact de deux de ces terrains bien différents que le mélange a lieu.

Pour nous en tenir aux terrains des environs de Paris, nous rappellerons la découverte faite par MM. Gillet de Laumont et Beudant, de la réunion des lymnées et des cyclostomes avec les cérites, les lucines, etc., dans les grès de Beau-Champ, auprès de Pierre-Laye.

Nous-mêmes, nous avons fait connaître, avec notre ami M. Desmarest, que, dans les parties inférieures de la formation gypseuse à Montmartre, on trouvait plusieurs bancs de marne remplis d'empreintes de corps marins, interposés à des lits de gypse, de la même manière qu'au-dessus des marnes vertes qui surmontent cette formation d'eau douce, on voit encore des cristaux de sulfate de chaux dans les premières couches qui sont pétries de coquilles, et qui appartiennent déjà à la deuxième formation marine.

L'observation qui nous reste à rapporter, et qui fait l'objet de cette note, signale un nouvel exemple de la réunion des coquilles d'eau douce et de mer dans les mêmes lits, et c'est encore au point de contact de deux formations bien distinctes dans les terrains parisiens que le mélange a lieu.

On se rappelle qu'entre la craie qui renferme des coquilles marines et qui forme le sol le plus profond de ces terrains, et le calcaire à cérites dont les nombreuses carrières alimentent les constructions de la capitale, on trouve interposée l'argile plastique sans coquilles, et que, dans les parties supérieures de celle-ci, des bancs plus ou moins puissants de grès et de lignite terreux, constituent une formation particulière très étendue, dont les fossiles ont été rapportés par le plus grand nombre des géologues à

des corps organisés terrestres ou d'eau douce. Cette formation des lignites supérieurs à la craie se laisse voir
dans un grand nombre de points, et c'est à elle, par
exemple, que se rapportent les couches épaisses exploitées au nord de Paris, dans les départements de l'Aisne et
de l'Oise, pour l'amendement des terres et la fabrication
de l'acide sulfurique, et désignées sous les noms de cendres noires, de terre houille, tourbe pyriteuse, etc.

Sur une ligne qui, des bords de la Manche, s'étend
jusqu'au-delà de Reims, en passant par Beauvais, Soi-
sons, etc., et qui trace de ce côté les limites du terrain
parisien proprement dit, les couches du lignite terreux
sont très épaisses, et leur position au-dessus de la craie,
entre l'argile plastique et le calcaire grossier, a été recon-
nue par la plus grande partie des géologues *.

Il était naturel de rechercher par analogie, les mêmes
couches dans tous les points du bassin de la Seine, dans
une position géognostique semblable, c'est-à-dire, sur
l'argile plastique, et sous le calcaire à cérites.

Mais comme cela arrive fréquemment, la formation
pouvait ou disparaître localement, ou n'être que rudi-
mentaire.

MM. Brongniart et Cuvier (*Géog. min.*, p. 71) disent
avoir vu retirer du fond d'un puits creusé dans le calcaire
à cérites, auprès de Marly, une argile brune, renfermant
du lignite et des coquilles tellement brisées, qu'il a été impossible de les déterminer. Ces déblais rappellent les lignites
terreux cités précédemment.

M. Héricart de Thury (*Journ. des min.*, n° 207) a également signalé la présence de la formation du lignite sous
les bancs exploités du calcaire à cérites, au midi de Paris.

Il paraît évident que le succin trouvé près d'Auteuil,

---

* J'ai reconnu depuis, que les lignites du soissonnais et les tourbes pyriteuses
exploitées appartiennent à plusieurs étages. (Voir le *Mém. sur les lignites du
Soisonnais*).

par M. Becquerel, se rapporte également à cette formation.

Dans mes courses, le hasard m'a procuré l'occasion de retrouver de semblables indices, mais très bien caractérisés par les fossiles, au fond d'une carrière de calcaire à cérites, exploitée à l'extrémité de la plaine de Mont-Rouge, très près du château de Bagneux, un peu avant le chemin de traverse qui conduit de ce dernier village à la route d'Orléans.

Cette localité se trouve sur la ligne où la craie semble se relever au midi de Paris, et former une crête dont les sommités s'approchent de la terre végétale et la percent dans quelques points, comme à Bougival, Meudon, Boulogne, etc.

Aussi les couches du calcaire à cérites sont-elles peu épaisses dans ces dernières carrières de l'extrémité de la plaine de Mont-Rouge, comme dans celles des collines de Vaugirard, Issy, Vanves, où l'on exploite l'argile plastique.

Le voisinage de celle-ci occasione le séjour des eaux dans la carrière que j'ai citée, ce qui a forcé, à plusieurs reprises, de suspendre les travaux. C'est pour remédier à cet inconvénient, qu'arrivés perpendiculairement aux derniers bancs exploitables du calcaire, les ouvriers ont creusé un puisart pour y faire écouler les eaux, et leur permettre d'ouvrir des galeries horizontales dans le calcaire.

Ce sont les débris retirés de ce puisart qui m'ont fourni l'observation, que des coquilles d'eau douce, telles que planorbes, lymnées, paludines., etc, sont agglomérées dans les mêmes couches avec les nombreuses coquilles marines qui caractérisent les lits inférieurs du calcaire à cérites.

Quoique je n'aie pas pris positivement en place les divers échantillons que je possède, et que j'ai déposés au Muséum, l'analogie se réunit aux informations que j'ai prises, pour ne me laisser aucun doute sur la position géognostique des couches qu'ils représentent.

J'ai eu fréquemment l'occasion, et dernièrement encore, de visiter les exploitations de l'argile de Vanves, et à l'exception des coquilles que je n'ai pu trouver dans cette dernière localité, la similitude est parfaite entre les couches de sable et de lignite terreux qui se rencontrent au-dessous du calcaire chlorité, avant d'arriver à l'argile pure, et les échantillons qui proviennent de la carrière de Bagneux. Ces échantillons me paraissent devoir être placés dans l'ordre suivant, en descendant du calcaire grossier, à l'argile plastique : nos 1 et 2, calcaire grossier présentant, par les nombreux moules de coquilles marines et les grains chlorités qu'il renferme, tous les caractères des assises inférieures du calcaire de Saillancourt, Vaugirard, Grignon, etc. Le n° 2, dont le grain est plus fin, plus égal, et qui est plus terreux, se rapproche du n° 3, qui est un calcaire marneux, gris, tendre, dans lequel on voit encore quelques grains de chlorite, des coquilles marines brisées, et déjà des débris de végétaux à l'état de lignite. Le banc auquel cet échantillon appartient n'est pas d'une nature régulière, les débris de coquilles et de végétaux y sont réunis en petites masses ou pelottes isolées, avec des grains arrondis et siliceux, il renferme des empreintes noires de feuilles allongées. Dans l'épaisseur d'un banc de sable terreux, pulvérulent, et qui ne paraît formé que par des débris de corps organisés marins, finement brisés, il semble qu'il se soit formé des points de silicification qui se sont étendus irrégulièrement en agglomérant et conservant les coquilles de manière à en former des plaques dures sur lesquelles elles forment des reliefs.

On peut voir, d'une manière remarquable, dans les échantillons nos 4 et 5, qui présentent l'exemple d'une partie changée en silex, et très dure, tandis que l'autre est encore friable, terreuse et calcaire, comment les points de silicification se sont irrégulièrement étendus de proche en proche dans la masse terreuse.

C'est sur les agglomérats siliceux qui figurent de véritables lumachelles dans leurs coupes, qu'au milieu des

cérites, des bucardes, des tellines, des murex, et autres
coquilles marines, des madrépores, des sertulaires et des
orbitolites, on voit une grande quantité d'ampullaires,
dont l'*habitat* naturel est douteux, des potamides, une
espèce de mytile strié finement de la base au bord des
valves, et enfin quelques planorbes, des lymnées, plusieurs espèces de paludines, et d'autres coquilles des
eaux douces, parfaitement conservées. Ces dernières sont
même en général très entières, tandis que les coquilles
marines, au milieu desquelles elles se trouvent, sont
brisées, quoique leur test soit incomparablement plus
épais et plus solide. Les mêmes blocs siliceux renferment
des débris de végétaux dont l'abondance augmente en pro-
portion de celle des coquilles d'eau douce, comme on peut
le voir dans le n° 6, et la pâte qui réunit aussi intimement
tous ces corps, semble composée de petits corps ovalaires,
noirâtres, qui ressemblent à des milliolites. L'*ampullaria
depressa* est principalement très commune dans ce banc,
et la plupart des échantillons de cette espèce que j'ai
recueillis sont couverts d'une espèce d'eschare qui ta-
pisse également l'intérieur de la bouche. Je note ce fait
pour indiquer que ces coquilles marines étaient mortes
lorsqu'elles ont été enveloppées dans la gangue où on les
trouve aujourd'hui.

Je regarde comme intermédiaire à la couche dont je
viens de parler, et à celle de lignite terreux qui vient au-
dessous, une marne argileuse assez pure, d'un gris clair
(n° 7), sur laquelle on voit presqu'exclusivement des
empreintes d'une espèce du genre potamide, que M. Brongniart a si judicieusement séparé des véritables cérites ;
et en effet, à l'appui de cette opinion, fondée sur d'autres
faits, je ferai remarquer qu'on ne trouve ici dans la même
couche que des lymnées, des paludines, et, je crois, des
gyrogonites, si je m'en rapporte à quelques empreintes
peu faciles à déterminer.

Enfin vient une lignite terreux, feuilleté, d'une couleur

noire foncée, qui répand une forte odeur bitumineuse, et qui renferme une très grande quantité de planorbes et de lymnées, des petits bulimes, et très abondamment deux ou trois espèces de paludines ; quelques unes de ces coquilles doivent leur conservation parfaite à leur infiltration par la silice, tandis que les autres qui ont encore leur propre test, sont brisées, aplaties et méconnaissables. Dans les feuillets du lignite terreux, on retrouve l'empreinte de tiges et de feuilles de végétaux assez caractérisés, pour qu'on puisse leur assigner les eaux douces, comme habitation originaire ; je citerai l'empreinte d'une feuille, que j'ai remise à M. Adolphe Brongniart, pour le travail qu'il a entrepris sur les végétaux fossiles, et ce jeune naturaliste n'a pu y voir qu'une feuille de potamogeton. *

On retrouve aussi entre les feuillets le test nacré et très mince d'une coquille striée, qui rappelle les modioles par sa forme ; mais comme elle est aplatie, ainsi que la plupart des autres coquilles qui sont dans le lignite même, il est difficile de la déterminer rigoureusement.

L'aplatissement des coquilles dans le lignite est presque constant, et se fait remarquer dans celles mêmes qui ont été infiltrées par la silice.

Le lignite terreux brûle avec flamme, en répandant une forte odeur bitumineuse, et à l'analyse que M. Lassaigne a bien voulu en faire, il présente sur 100 parties, 22 d'humidité, et 26 de matière bitumineuse et organique ; les 52 parties restantes sont de la silice, de la magnésie, de l'alumine, des carbonates et sulfates de fer et de manganèse.

Ainsi, dans cette succession d'échantillons, on passe

---

* Décrite dans la deuxième édition de la *Description minéralogique des environs de Paris* sous le nom de *Phyllites multinervis* et comme offrant beaucoup d'analogie avec le *Potamogeton Natans*.

du calcaire essentiellement marin et bien caractérisé, comme appartenant aux assises inférieures du calcaire grossier, à des couches d'une nature et d'une structure mélangée et qui laissent voir en même temps les débris des habitants de deux liquides différents, pour arriver à la formation du lignite, dans lequel aucun vestige d'être organisé marin ne se voit plus, tandis que l'on y trouve des dépouilles des animaux des eaux douces.

Quoique mon objet ne soit pas de décrire ici les fossiles, dont j'ai eu l'occasion de faire une énumération sommaire, et que je remette à en donner la figure et la description détaillée dans un travail plus général, dont je m'occupe, et qui a pour but la comparaison exacte des deux formations marines des environs de Paris, celle qui est inférieure au gypse, et celle qui lui est supérieure, je décrirai seulement parmi les coquilles d'eau douce, deux espèces que je me suis assuré être nouvelles et qui présentent les caractères du genre *Paludine*.

1° La Paludine de Desmarest (*Paludina Desmarestii*).

Spire conique à six tours, bombés, bien séparés; péristome complet, double; bouche sub-ovale, évasée; test assez épais, finement strié transversalement. Longueur, 5 à 6 millimètres.

La paludine de Desmarest est remarquable par le double bord de sa bouche, caractère qui se voit dans les plus petits individus, et par les stries qui sillonnent son test; elle a quelques rapports par sa forme, son épaisseur et l'évasement de sa bouche, avec le *nerita contorta* de Muller (*nerita contortuplicata de* G[ling].), qui vit actuellement aux environs de Trieste, mais celle-ci n'est pas striée et n'a pas le double bourrelet de la bouche aussi saillant.

2° Paludine conique, *P. conica*.

Spire conique, six tours bien visibles peu courbés, suture peu profonde; péristome complet à bord tranchant,

bouche ovale; test mince et lisse. Longueur, 5 à 6 millimètres.

La Paludine conique a quelques rapports avec la *P. im-
pura*, qui est moins pointue et a les tours de spire plus
détachés.

Les deux espèces précédentes se trouvent réunies en
grand nombre dans les lits du lignite terreux et mêlées
accidentellement avec les coquilles marines dans les bancs
supérieurs.

Avec elles, on trouve d'autres coquilles d'eau douce
que je rapporte aux

> *Planorbis rotundatus*,
> *Pl. Prevostinus*,
> *Lymneus longiscatus*,   } Brongniart.
> *Bulimus pusillus*,
> *Potamides Lamarkii*,

Annales du Mus., t. XV, p. 357.

> *L'Ampullaria depressa*,
> Les   *Ceritium denticulatum*,
>   *lapidum*,   } Lamk.
>   *thiara*,
> La *Lucina saxorum*,

sont les coquilles marines les plus abondantes; et je fais
remarquer à dessein, que les mêmes espèces se trouvent
dans les grès de Beau-Champ.

Quoi qu'il en soit, pour ne pas m'écarter de l'objet de
cette note, je rappellerai, en la terminant, que le mélange des corps organisés marins et d'eau douce se présente dans la nouvelle localité que j'ai eu l'occasion d'observer avec des circonstances semblables à celles que l'on
a remarquées dans d'autres lieux et dans d'autres formations, et que ce fait n'infirme en rien, à mon avis, l'importante distinction établie entre les formations marines
et les formations d'eau douce *.

Peu de temps après la lecture de ce mémoire, M. J. Desnoyers et moi
nous trouvâmes dans une carrière de calcaire grossier exploitée à ciel

ouvert dans la plaine de Montrouge et Vaugirard, un dépôt parfaitement semblable à celui que j'avais reconnu dans le puits de Bagneux ; mais à Montrouge le dépôt d'eau douce formait un amas allongé, compris entre les bancs de calcaire grossier marin et plus près de la partie supérieure que de l'inférieure, ce qui fit croire qu'il en était de même de la position du dépôt de Bagneux ; mais la découverte de semblables mélanges à Passy, Nanterre, Sergy, dans le Soissonnais, la Champagne, etc. Dans des gisement relatifs variables, par rapport aux assises du calcaire grossier, me font persister à croire que le lignite de Bagneux pourrait bien être réellement placé à la partie inférieure du terrain calcaire marin puisqu'il était évidemment recouvert par les bancs chlorités.

d
se
fo

d
m

ca

re
ra

OBSERVATIONS

SUR

LES GRÈS COQUILLERS

DE BEAU-CHAMP,

ET SUR LES MÉLANGES

DE COQUILLES MARINES ET FLUVIATILES

DANS LES MÊMES COUCHES.

SOCIÉTÉ PHILOMATIQUE, LE 28 JUILLET 1821.

On distingue, dans les terrains parisiens, trois sortes de grès d'après leur position relative seulement; car ils se présentent avec des caractères minéralogiques et un *facies* absolument semblables.

Les premiers se voient entre la formation d'eau douce des lignites de l'argile plastique et le calcaire grossier marin.

Les seconds sont dans les parties supérieures de ce calcaire, et sous la formation d'eau douce du gypse.

Les troisièmes, enfin, semblent constituer une nouvelle formation marine au-dessus de ce gypse, et ils sont recouverts par les derniers terrains d'eau douce.

Tous ces grès sont donc placés également au point de

contact d'une formation marine et d'une formation d'eau douce, et ils pourront tous offrir, dans quelques-unes de leurs parties, le mélange de corps organisés marins et d'animaux lacustres.

Les grès exploités dans la plaine de Beau-Champ, à l'extrémité de la vallée de Montmorrency, entre Taverny et Pierre-Laye, ont principalement excité, sous ce rapport, l'attention des géologues qui ont trouvé dans ce lieu, des lymnées et des cyclostomes évidemment réunis à de nombreuses espèces de coquilles marines; mais la position relative de ces grès que recouvrent seulement des terrains hors de place, n'avait point été déterminée d'une manière précise, par des observations directes; des analogies ont porté MM. Cuvier et Brongniart à les regarder comme ceux qui séparent le calcaire grossier du gypse; cependant ces mêmes auteurs ont émis quelques doutes à ce sujet (page 206 de la *Géogr. min. des environs de Paris*), qui ont autorisé des observateurs à énoncer une opinion différente de la leur; plusieurs ont cru voir dans ces grès, ceux qui surmontent les gypses, et cette idée, qui avait été même partagée pendant quelque temps par M. Brongniart, n'a été abandonnée par ce géologue, que parce que l'on a découvert des ossements de palæotherium dans les carrières de Beau-Champ.

Dans cet état d'incertitude évident j'avais été conduit moi-même par des analogies que m'avaient offert un certain nombre de fossiles, à penser que les grès de Beau-Champ pourraient bien être inférieurs au calcaire grossier, et analogues, par conséquent, à ceux qui recouvrent les lignites.

Un voyage de quelques jours, que j'ai entrepris spécialement dans l'intention de fixer mes idées sur les véritables rapports qui existent entre le mélange que je venais d'observer dans les lignites de Bagneux, et celui qui depuis longtemps avait été reconnu dans les grès de Beau-Champ, m'a fourni de nombreuses preuves que contre ma première idée, ces grès, ceux de Pierre-Laye, Marcouville, Triel, Chanteloup, sont placés dans les assises supérieures du calcaire grossier, et sous le gypse, comme l'avaient avancé les auteurs de la *Géographie minéralogique des environs de Paris*. J'ai acquis de plus, la conviction que le mélange des fossiles propres aux dépôts de la mer et à ceux des eaux douces, se voit non seulement à Beau-Champ, mais encore dans tous les points où le contact des deux formations a lieu, avec cette circonstance bien remarquable, que ce n'est pas *au seul contact*, mais qu'il y a des alternatives plusieurs fois répétées de couches formées dans les eaux douces et de couches marines puissantes *.

Il m'importe de convaincre, par des exemples, de la réalité des résultats que je viens d'annoncer, et je le ferai en indiquant d'une manière abrégée la marche que j'ai suivie dans mon excursion, et en décrivant successivement les différentes localités que j'ai visitées, et qui présentent entre elles des analogies et des différences également importantes pour la solution d'une question plus générale, que je suis conduit à traiter.

Mon point de départ a été Montmorency ; j'ai cotoyé la colline gypseuse qui borde au nord la vallée de ce nom, en passant à Andilly, Moulignon, Saint-Leu, Taverny, dans l'intention de revoir si en descendant de cette côte vers la plaine de Beau-Champ, je rencontrerais la formation du calcaire grossier entre celle du gypse et les grès ; la première observation que j'ai pu faire en suivant cette route, c'est que le gypse descend jusqu'au niveau de la plaine, et par conséquent le calcaire serait bien peu épais s'il devait se trouver avant les grès ; mais cette observation ne peut fournir qu'une présomption, car en thèse générale, la for-

---

* Jusques-là, j'avais pensé que les mélanges n'avaient lieu qu'au passage d'une formation à une autre : cette nouvelle observation fut un pas de plus fait vers la théorie que j'ai proposée en définitive.

mation calcaire pourrait, dans quelques cas, manquer tout-à-fait, ce qui cependant serait difficile à concevoir dans ce lieu. De Saint-Leu et de Taverny à Beau-Champ, le terrain a peu de pente ; c'est au milieu de la plaine et entre ces deux derniers villages et celui de Pierre-Laye, que l'on voit plusieurs collines basses ou mamelons allongés de grès et sable couverts de bois, et qui m'ont paru dirigés comme les collines de la forêt de Fontainebleau, du sud-est au nord-ouest. Les exploitations qui se font pour l'extraction des pavés, ont lieu à ciel ouvert, et les fouilles ne vont pas au-delà de 15 à 20 pieds de la surface du sol.

Voici la disposition des couches observées dans la principale carrière qui est entre le bois et la route de Saint-Leu à Pierre-Laye, sous la terre végétale.

1° Fragments de calcaire marneux blanc, ayant la texture apparente du calcaire d'eau douce, mais contenant des empreintes du *cer. lapidum* ; ces fragments sont réunis entre eux et avec d'autres blocs plus siliceux par une pâte ou magma calçaire ; l'épaisseur est de 4 à 5 pieds.

2° Petit lit de sable argileux verdâtre, humide, avec coquilles très friables, dont la *melania hordeacca* très abondante.

3° Sable blanc également humide n'étant distinct du précédent que par la couleur ; les deux réunis peuvent avoir 1 pied 1/2.

4° Lit régulier et constant de calcaire sablonneux renfermant quelques empreintes de coquilles d'eau douce, telles qu'une lymnée, et particulièrement le *cyclostoma mumia*, 1/2 pied.

5° Sable jaunâtre encore humide avec coquilles marines du grès, et aussi la *melania hordeacea.*

6° Grès blanc, dur, en bancs, dont le supérieur offre à sa surface des ondulations arrondies. Les coquilles y sont disséminées irrégulièrement, et elles sont accumulées

en grande abondance dans de petits lits de sable friable
où elles forment des paquets globuleux ; elles sont en
général brisées, et celles qui sont entières semblent
avoir été conservées au milieu d'un détritus très fin.
Les bancs exploités ont environ 5 à 6 pieds, et les ouvriers disent qu'au-dessous il y a du sable blanc pur.

Je n'ai pas vu dans le grès de cette carrière le mélange
indiqué par MM. Beudant et Gillet de Laumont, de lymnées
avec les coquilles marines ; mais à quelque distance et
plus près du bois, le sable blanc est à découvert à la surface du sol, et l'on peut recueillir dans ce lieu toutes les
coquilles marines du grès avec les *lymneus longiscatus*, le
cyclostoma mumia et de petits bulimes.

On ne voit donc pas encore à Beau-Champ sur quoi reposent les grès coquillers ; mais il y faut noter deux faits :
1° les empreintes de *cérites* dans le magma supérieur qui
a l'apparence de calcaire d'eau douce ; 2° le petit lit constant de sable vert renfermant la *melania hordeacea*, séparé des grès par un banc de calcaire sableux qui présente des empreintes de lymnées et de cyclostome.

De la carrière que je viens de décrire à Pierre-Laye, le
sol est couvert de sable et de fragments épars du calcaire
regardé comme d'eau douce.

A *Pierre-Laye* même, on voit dans les constructions et
hors place, une grande quantité de pierres qui annoncent
l'existence peu éloignée de carrières dans le calcaire grossier ; et en effet, il y a plusieurs exploitations de ce genre
sur la route qui conduit de ce village à Pontoise.

Avant de donner la description de celles que j'ai visitées,
je parlerai d'une sablière qui se voit sur la route de Paris à
Pontoise, vis-à-vis de Pierre-Laye ; elle est placée au point
élevé de la route qui dans cet endroit a coupé le terrain,
et donné les moyens de voir les couches sur une épaisseur
d'environ 20 pieds. Ce sont les mêmes assises qu'à Beau-
Champ ; au-dessus les fragments de calcaire ; plus bas, le

petit lit vert avec les *melania hordeacea* ; mais ici il se confond davantage avec le grès ou plutôt le sable, car les bancs solides ne sont pas continus, ce sont plutôt de longues plaques arrondies sur leurs bords, disséminées au milieu d'un sable blanc.

Si, de la sablière, que je désignerai sous le nom de sablière de Pierre-Laye, on suit la route qui conduit à Pontoise, on descend sensiblement, on voit à droite et parallèlement à la route, une petite vallée dans laquelle se trouve le chemin de Pierre-Laye à Pontoise ; c'est sur ce chemin, comme je l'ai dit plus haut, qu'existent les exploitations de pierre calcaire, et j'ai visité celles qui sont sur la droite en allant à Pontoise.

On y voit les couches suivantes sous la terre végétale

1° Fragments de calcaire d'eau douce (comme à Beau-Champ), 2 à 3 pieds.

2° Calcaire compacte jaunâtre, en table, 1 pied.

3° Lit de marne verte avec indication de gypse, 1⁄2 pied.

4° Calcaire compacte, en table, avec cérites (cliquart), 1 à 2 pieds.

5° Calcaire tendre marneux, avec une grande quantité de coquilles marines, qu'il est facile de reconnaître pour les mêmes que celles des grès ; plusieurs bancs plus ou moins divisés en lits minces.

6° Bancs puissants de calcaire grossier avec grains chloriteux nombreux dans les couches inférieures.

Ici, il n'y a plus de grès ni de sable comme de l'autre côté de la petite vallée ; mais les mêmes coquilles se trouvent dans les assises supérieures du calcaire grossier. Cette observation me paraît remarquable en ce qu'elle indique que dans la même formation et à une très petite distance géographique, les couches contemporaines peuvent présenter une nature minéralogique différente ; le petit lit de marne verte, qui n'a pas plus de six pouces, rappelle la formation gypseuse que nous verrons successivement prendre toute son épaisseur en prolongeant notre course jusqu'à Triel.

J'ai traversé la rivière à Pontoise et j'ai pris la route de Rouen ; en sortant de la première ville, on monte beaucoup pour arriver sur le plateau qui se prolonge jusqu'à Magny, et l'on trouve sur la droite du chemin la sablière de *Marcouville*, qui présente les mêmes dispositions générales que celles de Beau-Champ et de Pierre-Laye, avec quelques modifications locales ; par exemple, on distingue dans cette sablière, deux étages que l'on ne voit pas immédiatement superposés dans la même coupe de terrain, mais dont la position relative est incontestable.

Le premier se compose :

1º Des mêmes fragments de calcaire.
2º De quelques bancs feuilletés de calcaire plus compacte et renfermant de petits bulimes nains.
3º D'un lit de sable humide verdâtre avec la *melania hordeacea*, plus épais que celui de Beau-Champ.
4º De sable jaunâtre avec des veines et des blocs de grès grossier, coloré en jaune foncé par le fer, et contenant des moules de coquilles marines.

Dans le deuxième étage qui est au-dessous et que recouvre également la terre végétale, on voit :

1º Les grès et sables colorés formant une couche, et pénétrant plus ou moins profondément en filons et en veines dans le sable blanc inférieur.
2º Le sable coquiller présentant une épaisseur d'environ 15 pieds.

Dans ce dernier sable, on distingue de petits dépôts successifs très minces, et qui ont cela de remarquable, qu'ils ne sont pas parallèles entre eux ; certains sont horizontaux ; d'autres serpentent en divers sens, et les courbures que présentent ces derniers sont remplies par des lits inclinés dans tous les sens ; disposition parfaitement analogue à celle qui se remarque dans les dunes ou accumulations de sable par les vents ; quelques-uns de ces lits minces ne sont composés que de détritus calcaire de coquilles marines ; celles-ci, qui sont les mêmes qu'à Beauchamp, sont irrégulièrement disséminées et agglomérées par place dans le sable : avec les cérites, les lucines, les ampullaires, etc., j'ai trouvé beaucoup de petites huîtres qui ne sont jamais en bancs, et des fragments d'un madrépore dont je note la présence, parce que j'ai vu la même espèce dans le grès solide de Chanteloup près Triel.

Toutes les coquilles, dans ce sable, sont couvertes de petites dendrites ferrugineuses, et le grès solide est en petites tables ou rognons arrondis, disséminés dans la masse friable.

Je désirais connaître la nature du terrain élevé sur lequel repose le sable, et pour cela je cherchai, en descendant du plateau, à trouver un escarpement qui pût me faire voir la suite des couches ; alors je me dirigeai vers Osny, qui est sur les bords de la rivière de Viorne, laquelle se jette dans l'Oise. Avant que d'arriver à Osny et sur la pente de la colline, il existe une carrière de calcaire exploitée qui présente une coupe verticale de 60 pieds au moins.

Voici la succession des couches :

1o Terre végétale ;

2o Calcaire en fragments et en plaques minces, 5 pieds ;

3o Banc de calcaire en partie compacte et en partie poreux, dont les cavités paraissent être celles laissées par des milliolites, et qui renferme des moules de cérite, 2 pieds ;

4o Petit lit de marne verte et rognons géodiformes de strontiane ;

5o Banc semblable au n° 3, c'est-à-dire ayant des cavités de milliolites ;

6⸱ Sable fin, marneux, jaunâtre, semblable à celui de l'étage supérieur de la sablière de Marcouville, mais dans lequel je n'ai pas vu de coquilles ;

7º Calcaire blanc, tendre, en assises peu épaisses, avec les coquilles marines du grès, 8 à 10 pieds ;

8° Enfin, calcaire en bancs puissants dont les inférieurs principalement, sont à très gros grains et renferment une très grande quantité de fer chloriteux. C'est le calcaire exploité à Saillancourt.

La conformité que présente cette carrière avec celle de Pierre-Laye, est trop évidente pour que je m'arrête à la faire ressortir en détail ; je m'attacherai plutôt à faire remarquer un fait nouveau que m'a présenté la coupe du même plateau sur le versant opposé, c'est-à-dire en descendant vers l'Oise sur le chemin de Pontoise à Sergy. Ce chemin, qui descend rapidement sur le penchant de la colline, coupe successivement toutes les couches du calcaire ; à partir de l'angle que forme la route qui va à Pontoise avec celle de traverse qui conduit à Osny,
On voit :

1° Environ 6 pieds de calcaire compacte en plusieurs bancs, et rappelant dans quelques-unes de ses parties, en même temps la texture du calcaire marin avec des cavités de milliolites, et celle du calcaire d'eau douce ;

2° Fragments de calcaire avec quelques lits ou tables minces ;

3° Un lit continu bien horizontal, quoique formé de morceaux séparés dans le sens vertical, de calcaire blanc ayant non seulement l'apparence minéralogique du calcaire d'eau douce, mais renfermant une grande quantité de lymnées, de bulimes, de paludines et des gyrogonites.

Le fait le plus remarquable et qui me paraît n'avoir point été indiqué, c'est que la pâte de ce calcaire d'eau douce enveloppe des milliolites, des ampullaires et le *ceritium lapidum*; je dis à dessein *la pâte de ce calcaire d'eau douce*, parce que les corps marins que je viens de citer, quoique répandus dans toutes les parties des mêmes fragments, sont cependant pelotonnés en petites masses où distribués par veines; je ferai ressortir bientôt l'importance de cette observation qui se lie avec d'autres faits. Ce calcaire est le même que celui que j'ai indiqué à Beau-Champ, et qui est épars sur tout le sol entre ce lieu et Pierre-Laye.

4° Au dessous de ce banc remarquable, se voit un calcaire marneux blanc peu différent de celui n° 3, et qui renferme avec des milliolites, les *orbitolites planes*, que l'on rencontre fréquemment dans les lits inférieurs de la formation calcaire.

5° Un petit lit d'argile verte comme à Osny;

6° Un banc de sable également comme dans la carrière de ce village;

7° Enfin les assises puissantes du calcaire marin chlorité, que l'on voit sur toute la route qui de Sergy mène à Veaux-Réal par Gency.

A Veaux-Réal, je quittai les rives de l'Oise pour traverser le long plateau qui s'étend depuis Andresis jusqu'à Meulan, et dont les pentes ont à leur pied, du côté de la Seine, les villages de Vaux, de Triel et de Chanteloup, que j'avais l'intention de visiter.

Je passai entre Menucourt et Boisemont; arrivé sur la hauteur, je trouvai les meulières, les sables et les grès marins, qui correspondent à ceux de la colline de Montmorency et du sommet de Montmartre. Ce terrain, supérieur au gypse, est couvert en partie de bois, et il forme sur le plateau un mamelon arrondi qui porte dans le pays le nom particulier d'*Hautie*. Je descendis par la petite vallée qui est derrière Vaux, et dans les chemins fort escarpés du bois, je rencontrai à une élévation encore assez grande, sous les sables jaunes, des sources et des marnes vertes, qui m'annoncèrent les couches supérieures de la formation gypseuse.

Avant de descendre dans Vaux, j'examinai une carrière de pierre de taille qui me laissa voir la même disposition générale qu'à Pierre-Laye, Osny et Sergy :

1° Calcaire en fragments et en plaquettes.

2° Petit lit de marne verte.

3° Sable calcaire humide.

4° Calcaire blanc et plaquettes (coquilles du grès).

5° Roche de calcaire grossier; on remarque que les parois d'une fente verticale qui existait entre les bancs, sont tapissés entièrement de chaux carbonatée cristallisée.

C'est sur la pente de la longue colline que je viens de traverser, et entre Vaux et Triel, que sont plusieurs carrières de gypse très importantes par leur position au bord de la Seine, par la puissance des bancs et leur qualité. La coupe que présente cette colline n'est pas moins remarquable en ce qu'elle laisse voir superposés tous les terrains, qui composent le sol parisien jusquà la craie, et que c'est là principalement qu'il devient incontestab leque les grès de Beau-Champ sont placés entre la formation marine du calcaire et celle d'eau douce du gypse.

Ainsi, en descendant du sommet appelé *Hautic* jusqu'à la grande route, on remarque la succession suivante de terrains et de couches :

1° Les meulières en fragments épars, et le silex renfermant des coquilles d'eau douce et des gyrogonites.

2° Des sables colorés en jaune et en rose par l'oxyde de fer, au milieu desquels on rencontre des tables de grès luisant zôné de diverses couleurs.

3° Les argiles vertes supérieures au gypse.

4° 20 à 50 pieds d'épaisseur de gypse dans lequel il y a des galeries d'exploitation de 15 pieds de large sur autant de hauteur, qui pénètrent à 2 ou 500 toises de distance dans la montagne, en s'y ramifiant dans tous les sens. Ce gypse enveloppe une si grande quantité d'ossements de paléothérium et d'anoplothérium, qu'au dire des ouvriers, il n'y a pas de jour qu'ils n'en rencontrent quelques fragments; j'en ai pris moi-même en place dans les carrières, et je me suis assuré qu'ils sont bien au milieu même de la masse, qu'ils n'ont occasioné ni strates ni fentes, et qu'ils sont seulement entourés d'une couche de marne calcaire blanche qui n'a souvent pas une ligne d'épaisseur.

5° Plusieurs bancs de marne blanche et de gypse tendre, en cristaux beaucoup plus distincts que celui exploité.

6° Des bancs de marne blanche avec petits bulimes nains et des traces rameuses d'une couleur vert-clair, qui figurent des ulves fraîches, alternant plusieurs fois avec d'autres bancs de calcaire dur. Au milieu de ces assises, on trouve un lit puissant de rognons de calcaire compacte couverts, comme à Saint-Ouen, des mêmes petits bulimes nains.

7° Sable verdâtre avec des blocs ou plutôt des tables de grès.

8° Petit lit d'environ 2 pouces d'épaisseur, presque entièrement composé de débris de la *melania hordeacea*.

9° Sable avec la même coquille et toutes celles des grès de Beau-Champ, et au-dessous environ 15 pieds de sable et grès avec des grains verts et noirs.

10° Plus de 50 pieds occupés par environ 15 lits alternatifs de calcaire tendre, de calcaire compacte, de marne et d'argile. Plusieurs bancs de calcaire ressemblent entièrement à ceux de Sergy, qui laissent voir le mélange de milliolites et de lymnées, quoique ici je n'aie pas pu retrouver ces dernières coquilles. La pâte a toute l'apparence du calcaire d'eau douce, et les milliolites sont pelotonnées ou réparties en veines, comme dans le lieu que je viens de citer. On voit principalement un banc de

4'à 5 pieds d'épaisseur d'une marne argileuse verdâtre, qui a tous les caractères de celle que nous avons trouvée, M. Demarest et moi, dans le fond de la troisième masse de gypse à Montmartre, où elle est placée entre des lits puissants de cette dernière substance; elle est remplie d'empreintes de coquilles marines et de l'espèce de corps que M. Desmarest a décrit depuis sous le nom d'Amphitoïte parisienne *.

Tous ces bancs sont parfaitement horizontaux, ce qui contraste d'une manière très tranchée avec les assises inférieures de la formation du calcaire grossier, lesquelles, dans ce lieu et jusqu'à Meulan, sont fortement inclinées vers la montagne, et ont près de 40 pieds de puissance.

Cette dernière disposition, qui avait été notée par MM. Cuvier et Brongniart, établit au moins une interruption entre le dépôt du calcaire marin proprement dit et celui des lits marneux, calcaire et sablonneux qui le surmontent, et qui me paraissent faire plutôt partie de la formation gypseuse, quoiqu'ils renferment beaucoup de débris de corps marins, comme je le dirai bientôt.

Si de Vaux on va jusqu'à Meulan, on voit évidemment que l'on s'approche du bord du bassin formé par la craie; celle-ci paraît effectivement entre cette dernière ville et Mantes. Aussi le gypse diminue d'épaisseur et il s'élève; une carrière a été exploitée encore au-dessous du village d'Évêquemont; mais au-delà, ce sont les marnes inférieures au gypse et les grès analogues à ceux de Beau-Champ, qui occupent le sommet de la colline qui domine Meulan. Dans une carrière qui est à mi-côte entre cette ville et Vaux, la superposition contrastante des lits de marne

---

* C'est un végétal du genre *zostera* que l'on a trouvé assez fréquemment dans les couches supérieures du calcaire grossier à Nanterre, Passy, Montrouge.

et calcaire , sur le calcaire grossier , est bien visible.

Après ces descriptions , il devient inutile, pour mon sujet , de faire connaître les résultats de plusieurs courses que j'ai faites aux environs de Triel ; ils s'accordent tous, et je noterai seulement que du haut de la colline de Triel, on voit parfaitement les différentes formations dont elle se compose indiquées par la forme du terrain même , parce qu'elles sont étagées les unes sur les autres.

Dans la plâtrière de Triel proprement dite, il y a une galerie qui a deux issues dont l'une regarde la Seine, et l'autre est au niveau de la petite vallée dans laquelle est le village d'*Éverchemont.*

En revenant de Triel à Andresis , j'ai encore retrouvé les grès coquillers solides absolument semblables à ceux exploités à Beau-Champ ; ils sont dans les vignes bien au-dessous de Chanteloup, et dans ce village il y a des exploitations de plâtre.

En arrivant au bord de la Seine à Nouvelle, on retrouve le calcaire grossier en banc; ainsi c'est encore la même succession.

C'est à ce point que s'est terminée ma course géologique, qui m'a procuré les résultats suivants :

1° L'observation directe prouve d'une manière incontestable, que les grès de Beau-Champ sont placés entre la formation du calcaire grossier et celle du gypse.

2° Les grès n'existent pas toujours et à très peu de distance du point où on vient de les observer, on voit les coquilles qui les caractérisent , avoir pour gangue le calcaire même, qui alors est plus ou moins marneux.

3° Le mélange de coquilles marines et de coquilles d'eau douce se fait dans les premières couches de la formation gypseuse , qui a succédé à celle du calcaire grossier, et ce mélange se voit non seulement à Beau-Champ, mais dans tous les lieux où le contact des deux formations est apparent : et cela dans le calcaire et dans les marnes, aussi bien que dans les grès, selon les localités.

4° Il y a non seulement mélange dans les mêmes couches au point de contact, mais il y a encore alternative dans une épaisseur quelquefois considérable de dépôts d'eau douce et de dépôts qui renferment des corps marins.

5° Les corps marins sont toujours brisés, triturés, disséminés irrégulièrement, ce qui annonce qu'ils ont été transportés avec violence.

6° Les coquilles d'eau douce, quoique plus minces, sont généralement intactes et répandues d'une manière assez uniforme dans la masse, et les couches qui les renferment ne laissent pas voir des amas de débris triturés qui pourraient leur appartenir.

7° Enfin, lorsque le mélange a lieu dans les mêmes couches calcaires, comme je l'ai observé à la descente de Sergy, la gangue ou la roche présente plutôt les caractères minéralogiques du calcaire d'eau douce que ceux du calcaire marin.

Avant que de tirer aucune conséquence de ces observations, il est très important, pour leur donner plus de force, de rappeler avec quelques détails un fait que j'ai eu l'occasion de bien constater, il y a plus de douze ans, avec mon ami M. Desmarest, et dont j'ai déjà parlé dans ce mémoire.

Ce fait a donné lieu, d'une part, à des objections forcées contre la distinction des terrains marins et des terrains d'eau douce, et d'une autre part, il est resté sans explication dans la *Minéralogie géographique des environs de Paris* (pag. 165 — 193).

Nous avons fait voir, M. Desmarest et moi, que dans le fond de la troisième masse de plâtre à Montmartre, qui était visible alors dans le lieu dit *la Hutte au garde*, on trouvait plusieurs bancs de marne calcaire jaunâtre ou blanche renfermant un grand nombre de coquilles marines, des oursins, des crustacés et des débris de poissons, intercalés entre des bancs de gypse cristallisé. Dans la coupe que nous avons donnée dans le temps, on a pu remarquer la série suivante sous les masses de gypse exploité *.

1°. Marne blanche avec des empreintes de coquilles turriculées ;

2° Gypse en masse ;

3° 3 pieds au moins de marne verdâtre semblable à celle que j'ai dit exister à Triel , remplie d'empreintes nombreuses de coquilles marines, d'oursins, d'ossements de poissons, etc. , et divisée en deux parties presque égales par des cristaux de sélénite ;

4° 3 à 4 lits de gypse et de marne ;

5° Calcaire avec cérites ;

6° Gypse avec les mêmes coquilles, plus nombreuses au point de contact avec le calcaire ;

7° Calcaire marneux tendre , avec des cérites qui paraissent être les mêmes que celle du cliquart ;

8° Argile feuilletée ;

9° Banc puissant de gypse en masse avec cordons de cristaux de la même substance.

Faudrait-t-il conclure de ces dernières observations , ou que les premiers bancs de gypse ont été déposés dans les eaux de la mer, puisqu'ils alternent avec des marnes et du calcaire qui renferment des corps marins, tandis que les supérieurs, ceux qui ont enveloppé les ossements de mammifères , et les cyclostomes auraient eu pour dissolvant les eaux douces, ou bien faut-il avoir recours à des retours et des retraites de la mer aussi souvent répétés que sont nombreux les bancs de gypse et de marne marine,

---

* Voir ce mémoire, page 129 et la fig. 1 de la planche 1ere .

pour expliquer les alternatives? Mais si dans le gypse même de la troisième masse, on ne voit aucun fossile qui puisse le faire considérer comme d'origine d'eau douce, on sait qu'il n'en est pas de même dans les marnes et les calcaires siliceux, qui lui sont évidemment inférieurs ; ceux-ci contiennent entre autres les petits bulimes nains, et d'un autre côté à Sergy, comme je l'ai dit précédemment, les lymnées réunies aux milliolites, aux cérites et aux ampullaires, sont entre deux bancs qui ne sont caractérisés que par des fossiles marins.

Ainsi, d'une part, on voit les fossiles marins intercalés entre les bancs de gypse, et d'un autre, ce sont les coquilles d'eau douce qui sont placées au-dessous et au-dessus du calcaire marin ; il y a donc évidemment plusieurs alternatives de couches marines et de dépôts des eaux douces, avant que de passer de la formation du calcaire grossier à celle du gypse proprement dit.

On peut remarquer que dans ce cas les matériaux et les fossiles qui composent les couches marines de sable, de marne et d'argile, annoncent un transport, un sédiment, formé pendant et peu après un état momentané de trouble, tandis que les couches de calcaire d'eau douce ou de gypse plus homogènes, plus compactes et plus cristallines, indiquent plutôt le résultat d'une précipitation lente et faite dans un milieu tranquille.

Quoi qu'il en soit, tous ces faits laissent, à ce qu'il me semble, un champ libre aux conjectures, et s'ils ne sont pas assez nombreux pour permettre d'établir encore des théories sûres, je pense qu'il ne peut être dangereux de hasarder quelques suppositions à leur sujet; celles-ci servent au moins à grouper provisoirement les observations, à faire voir les lacunes, et à tracer la route pour de nouvelles recherches. C'est ainsi que je considère l'explication hypothétique que je vais essayer de donner, et contre laquelle je serai le premier à chercher des objections pour lui en substituer d'autres, jusqu'à ce qu'enfin la vérité se découvre.

Dans la supposition assez généralement admise, que le bassin de Paris a été occupé par un grand lac d'eau douce, après la retraite de la mer qui avait déposé le calcaire grossier; cette mer aurait formé des sédiments, non-seulement dans la cavité profonde au centre de laquelle est Paris, mais aussi sur les bords élevés du bassin qu'occupent aujourd'hui les plaines de la Champagne, de la Bourgogne, etc., où cependant on ne les retrouve plus aujourd'hui que par places et y formant des îlots peu nombreux *.

La mer s'est retirée ; elle a abandonné totalement les parties élevées, et les eaux restées dans les parties basses y ont formé un ou plusieurs grands lacs ; sans doute qu'un grand cours d'eau venant de l'est et sud-est pour se rendre à la mer, traversait le lac ancien, de même que le Rhin traverse aujourd'hui le lac de Constance, comme le Rhône traverse celui de Genève, et que les eaux douces ont remplacé ainsi successivement les eaux salées laissées par l'Océan dans sa retraite.

Lamanon, qui avait cette idée, va même jusqu'à supposer, comme on se le rappelle, que les eaux courantes qui sillonnaient et lavaient les craies de la Champagne, remplies de pyrites, tenaient en dissolution le sulfate de chaux produit par suite de la décomposition de celles-ci,

---

* Les dépôts calcaires et sablonneux ont été enlevés après coup dans ces lieux . et cela peut dépendre de ce que ces sédiments n'ont pris de solidité que dans les points où ils avaient une grande épaisseur, remarque applicable à beaucoup de localités. Les points où le calcaire est assez friable pour que l'on puisse en détacher les coquilles entières, sont tous au pourtour de la formation, c'est-à-dire, sur ses limites. *Magny*, *Bauve*, *Parnes*, *Courtagnon*, etc. ; et si *Grignon* semble faire exception, c'est que dans cette localité la craie est très relevée et que les assises du calcaire n'ont pas plus de puissance que sur les bords du bassin.

et qu'arrivées dans le bassin de Paris, où leur cours devenait plus lent, elles déposaient ce sel par lits plus ou moins
cristallins, selon leur degré de saturation *.

Quoi qu'il en soit de cette dernière supposition, il est
évident, d'après les faits que j'ai rapportés, que des couches gypseuses, ou des marnes qui renferment des lymnées,
des planorbes, etc., recouvrent le fond de l'ancienne mer
dans le bassin de Paris, qu'au-dessus de ces premiers lits
s'en voient d'autres qui contiennent des corps marins, que
les gypses reparaissent, et ainsi jusqu'à 7 à 8 alternatives.

Je suppose maintenant, que le grand lac étant formé par
la retraite de la mer, les eaux devenues douces commencent à produire des dépôts dans son sein et à nourrir des
animaux lacustres ; qu'alors par une circonstance dont
la cause peut être facilement appréciée, une crue d'eau
momentanée ait lieu dans les fleuves qui traversent le lac ;
les eaux débordées balaient les parties hautes ; elles reprennent les anciennes productions de la mer qu'elles
rencontrent éparses sur leur passage ; elles les charrient
avec le limon et les déposent avec lui lorsque le courant
se ralentit. La tranquillité revient-elle ? le volume des
eaux diminuant, elles se saturent de gypse, et de nouveaux dépôts cristallins et d'eau douce se forment ; la répétition de la première cause produit une nouvelle couche
dite marine, et ainsi de suite, jusqu'à ce que toutes les rives
supérieures du fleuve qui sont à portée de ses débordements ordinaires, soient débarrassées de tous les débris de
l'ancien Océan. Alors il n'y a plus que des dépôts de gypse
cristallisés, séparés seulement de temps en temps par des
lits de marne sans coquilles ; et si mon hypothèse est fondée,
je ne serais pas étonné de voir trouver un jour quelques fossiles de la craie et même de terrains plus anciens, dans les

---

* Le sulfate de chaux se fait journellement sous nos yeux dans les alunières
de la Picardie, par suite de la décomposition des pyrites exposées à l'air. On
voit la même chose dans les argiles pyriteuses des Vaches noires près de Dives.

dernières marnes qui séparent les divers lits du gypse , et
même au-dessus de celui-ci.

D'après cela, il me semble maintenant, en thèse générale, que pour faire une application tout-à-fait rigoureuse
de l'emploi des fossiles à la connaissance des âges relatifs
des diverses couches des terrains tertiaires, il faut bien
distinguer les fossiles brisés et transportés, de ceux qui
semblent être les dépouilles des êtres qui ont vécu près
du lieu où on les trouve, ou qui au moins ont été enveloppés avec un certain ordre et au fur et à mesure dans des
dépôts sédimenteux (comme on peut le remarquer dans
quelques bancs moyens du calcaire à cérites). Si l'on n'établit pas cette distinction il sera difficile de trouver dans
les couches de la terre, l'indication de la marche suivie
par la nature pour la création successive des corps organisés, et de fréquentes anomalies sembleront se présenter
pour faire repousser les idées que les philosophes ont déjà
émises à ce sujet.

Si l'on voulait donner plus d'étendue à l'hypothèse que
j'ai faite ici , seulement pour expliquer les alternatives de
productions marines et de productions des eaux douces,
qui s'observent dans le fond de la formation gypseuse, on
pourrait l'appliquer à toute la formation de sable et de
grès qui recouvre les gypses ; on supposerait alors que ces
sables et les fossiles marins qu'ils renferment , sont contemporains de ceux du calcaire grossier ; qu'ils couvraient
depuis des siècles de vastes contrées à l'est et au sud-est
de Paris, lorsqu'une grande débâcle, qui selon toute apparence, s'est faite du sud-est au nord-ouest, les a rencontrés
dans sa route et est venue les apporter sur les gypses dont
l origine serait cependant plus nouvelle. Il est au moins
vrai de dire que les sables supérieurs contiennent des silex roulés de la craie , et dans ma dernière course j'ai
trouvé dans ceux de Saint-Prix, un caillou de cette nature
qui renferme encore une pyrite dans son centre ; on sait
aussi que dans tous les dépôts d'alluvion qui recouvrent

les formations les plus récentes des terrains parisiens, et
sur les points les plus élevés de ceux-ci, on rencontre fréquemment des oursins, des bélémnites et des fragments
d'inocérames de la craie : j'en ai recueilli au-dessus des
silex meulières de la forêt de Sénart et sur les grès de
Fontainebleau.

Si Lamanon avait connu ces faits, il aurait sans doute
regardé les sables du sommet de Montmartre comme les
sables inférieurs de la craie, sur lesquels s'étaient décom-
posés dans la Champagne, dans le Perche, dans la Sologne,
dans la Touraine, les pyrites de la craie, et qui auraient
été transportés après coup ; il aurait retrouvé le fer produit par leur décomposition dans celui qui colore si vive-
ment ces grès supérieurs.

D'après ces diverses idées, non-seulement l'existence
des terrains d'eau douce ne peut être contestée par la
présence de productions marines au milieu de leurs divers
lits, mais encore dans le bassin de Paris, la mer après
s'être retirée n'aurait plus contribué à la formation des
dépôts qui surmontent la formation du calcaire grossier.
Le gypse aurait été formé dans les eaux douces, ainsi que
toutes les couches meubles plus ou moins puissantes qui
renferment des coquilles marines, lesquelles auraient été
déposées par ces eaux, soit à la suite de crues périodiques
dans les courants qui descendaient constamment de l'est
vers l'Océan, soit enfin par suite du débordement ou de la
rupture des digues de grands lacs d'eau douce qui pouvaient exister dans cette direction en Champagne, en
Bourgogne, en Auvergne.

La forme des collines et les derniers terrains d'atterrissements des environs de Paris, que couvrent les bois de Boulogne, Vincennes, etc., offrent un exemple irrécusable
d'irruptions venues de l'est ; ces atterrissements renferment une grande quantité de silex de la craie, des coquilles brisées et roulées, du calcaire grossier, et jusqu'à des
fragments de granit.

Si l'explication que je propose paraît avoir quelque vraisemblance dans la circonstance qui lui a donné naissance, elle pourrait peut-être aussi, dans beaucoup d'autres localités, dispenser de faire revenir les eaux de la mer sur elles-mêmes à une grande élévation ; mais je crains de ne m'être que trop avancé sur le sol peu sûr des hypothèses ; je veux seulement faire voir, en terminant, qu'il n'est pas sans utilité d'en faire quelquefois, puisqu'elles préparent à de nouvelles recherches ; en effet si celle que j'ai émise est fondée, les grès marins du sommet de Montmartre, considérés comme les sédiments remaniés et déplacés de l'ancienne mer qui avait formé le calcaire grossier, devront renfermer les mêmes espèces de coquilles que ce dernier. C'est pour éclaircir ce point important, que j'ai entrepris un travail spécial qui exigera du temps, et qui a pour but la comparaison exacte des fossiles des deux formations. Je suis forcé, pour résoudre le problème, de recueillir moi-même ces fossiles, parce que dans toutes les collections ils ont été confondus sous la dénomination générale de coquilles des terrains des environs de Paris ; d'un autre côté, je devrai voir si la présence de quelques espèces particulières dans les grès supérieurs, indique une différence de formation ou une différence locale, puisque l'on sait que l'on trouve à Parnes, à Magny, à Courtagnon, à Grignon, qui ne sont que des points du même banc, quelques espèces qui sont particulières à chacune de ces localités.

Les résultats auxquels je suis arrivé sous ce dernier rapport, sont loin d'être complets, mais ils m'ont démontré qu'il existe la plus grande analogie entre les dépôts marins inférieurs au gypse et ceux qui sont placés au-dessus de ce dernier ; il me paraît difficile de ne pas considérer l'ensemble des terrains parisiens comme appartenant à une même grande époque.

Cependant des observations ultérieures m'ont conduit à regarder les sables marins supérieurs comme apportés du nord-ouest dans le bassin, par l'action des eaux de la mer plutôt que du sud est par des eaux douces comme je l'avais dit dans le présent mémoire; le gypse aurait été déposé dans le centre d'un golfe saumâtre par un affluent continental; quoiqu'il en soit, le choix possible entre plusieurs hypothèses qui sont toutes également admissibles dans l'ordre actuel des choses, enseigne que c'est prématurément que l'on a eu recours, à des causes extraordinaires et pour ainsi dire surnaturelles, telles que des retraites et des irruptions plusieurs fois répétées de la mer et des eaux douces, etc., pour expliquer quelques alternances dont on peut se rendre compte par des moyens plus simples.

ESSAI

SUR

LA CONSTITUTION PHYSIQUE

ET

GÉOGNOSTIQUE DU BASSIN

A L'OUVERTURE DUQUEL EST SITUÉE LA VILLE
DE VIENNE EN AUTRICHE ;

ACADÉMIE DES SCIENCES, 13 NOVEMBRE 1820.

Journal de Physique, novembre 1820.

PREMIÈRE PARTIE.

Depuis que l'important travail de MM. Cuvier et Brongniart sur la *Géographie minéralogique des environs de Paris* a été publié, une nouvelle direction a été donnée, pour ainsi dire, aux observations géologiques, et l'étude précédemment négligée, des terrains qui composent les enveloppes les plus récentes du globe terrestre, a excité dans tous les pays l'intérêt des géologues.

Ils ont surtout senti combien sont grands les secours que la géologie peut recevoir des connaissances zoologiques en voyant, par l'application qui venait d'en être faite avec tant de succès, que l'observation exacte des corps organisés dont les dépouilles fossiles se rencontrent principalement dans les terrains modernes, peut servir non seulement à distinguer ces derniers de ceux formés antérieurement, mais à indiquer encore l'âge respectif des diverses parties dont ils se composent eux-mêmes.

Si les savantes recherches qui ont été faites en Angleterre et en Italie d'après cette impulsion donnée par les géologues français, ont étendu de beaucoup le domaine de formations que l'on était porté d'abord à regarder comme des dispositions particulières à certaines localités; d'un autre côté, ces mêmes recherches ont fait remarquer des différences notables dans la composition de terrains qu'au premier aspect on avait considérés comme identiques.

Il devient donc de plus en plus nécessaire d'avoir des descriptions partielles et détaillées de contrées diverses et circonscrites, avant que de pouvoir généraliser l'histoire des formations modernes ; car ce n'est que par l'examen des rapports bien établis, qu'un grand nombre de points éloignés peuvent avoir entre eux, que l'on pourra être conduit à déterminer, si ce n'est la cause, au moins la nature et l'étendue des dernières révolutions auxquelles la terre a été soumise.

Au mérite d'avoir fait connaître l'un des points du globe le plus intéressant sans doute pour nous, le travail des savants que je viens de citer, joint celui non moins grand, à mon avis, d'offrir un terme de comparaison, de pouvoir servir de modèle à toutes les descriptions à faire, et de tracer ainsi une marche simple et facile qui, suivie par les personnes qui se livrent à des recherches du même genre, peut procurer l'avantage précieux en géologie, comme dans toutes les sciences physiques, d'avoir des observations comparables.

C'est sans doute cette facilité d'avoir un guide, et aussi la faveur d'avoir pu recueillir dans plusieurs voyages en France et en Allemagne, les leçons pratiques de l'un des auteurs de la *Géographie minéralogique des environs de Paris*, qui m'ont encouragé à profiter d'une occasion pour entreprendre un travail que, sans ces précédents, j'aurais regardé comme beaucoup au-dessus de mes forces.

Un assez long séjour dans un village situé à quelques lieues de Vienne en Autriche, me permit d'étudier la nature géologique du sol de la contrée que j'habitais et d'entreprendre de le faire avec d'autant plus de soin que, placé avantageusement au centre d'un bassin circonscrit d'une manière naturelle, il me devint facile de limiter le sujet de mes recherches, et de pouvoir examiner avec détails les lieux peu distants qu'il entrait dans mon plan d'observer.

Mon intention était de faire connaître non seulement les principales dispositions géognostiques des terrains des environs de Vienne, mais aussi de chercher à caractériser les diverses couches qui composent ces terrains, en indiquant les rapports qu'elles ont entre elles, et principalement de décrire et figurer les fossiles nombreux qu'elles renferment, en faisant une grande attention à la manière dont ces fossiles sont répartis ou groupés dans les couches, etc.

Malheureusement un incendie qui, en octobre 1818, consuma une partie des bâtiments que j'habitais, me priva, en quelques heures des matériaux que j'avais réunis pendant deux années dans ce dessein. Je ne sauvai que quelques débris de ma collection, et ne conservai que le souvenir général de ce que j'avais vu.

Quoique je n'aie pas renoncé à mon premier projet, j'ai pensé que pouvant dès à présent faire connaître aux géologues quelques faits intéressants établis sur des preuves suffisantes, il serait utile de ne pas en différer la publication, dans l'espoir de provoquer ainsi des conseils que je saurai mettre à profit, si les circonstances me permettent de reprendre le cours de mes recherches.

L'objet du présent mémoire est de donner une esquisse générale d'un travail plus étendu.

Je limiterai et décrirai géographiquement la contrée que j'ai eu l'occasion d'observer.

J'indiquerai l'ordre de superposition que j'ai cru remarquer dans les divers terrains qui entrent dans la composition de son sol.

Je donnerai les principaux caractères minéralogiques et géognostiques de ces différents terrains ; je ferai connaître quelques-uns des fossiles qu'ils renferment, et je chercherai à me servir de l'ensemble des caractères que j'aurai établis, pour comparer les terrains des environs de Vienne avec ceux de même classe qui ont déjà été étudiés sur d'autres points du globe.

La ville de Vienne, située sur la rive droite du Danube, est placée au nord et à l'embouchure élargie d'un vaste golfe ou bassin ouvert qui communique avec le lit du fleuve.

Ce bassin, considéré d'une manière générale, se dirige du nord-est au sud-ouest ; il peut avoir, dans le sens de cette direction, environ vingt lieues de longueur. Sa plus grande largeur, qui est à son ouverture, comprend, au plus, un espace de dix lieues.

Il est circonscrit d'une manière tranchée : *au midi*, par les montagnes de la Styrie, qui ne sont que le prolongement des Alpes tyroliennes ; *à l'occident*, par une branche qui, se détachant de ces mêmes montagnes et de celles du Tyrol proprement dit, se dirige au nord, en s'abaissant graduellement vers le Danube, au bord duquel elle se termine ; *à l'orient*, par un rameau moins considérable et moins élevé, qui des montagnes de la Styrie, se dirige également vers le Danube, et presque parallèlement à la branche occidentale, pour se terminer vis-à-vis la ville de Presbourg, et par conséquent vis-à-vis l'origine des monts Krapacks.

La branche occidentale porte le nom général de *Kahlen Gebirg* ou de *Wiener Wald*, et son extrémité ceux particuliers de *Kaltemberg* et *Léopoldsberg :* ce sont les monts *Cœtius* des anciens. Le *Schneeberg*, célèbre par les plantes alpines que les botanistes de Vienne vont y chercher, et dont la cîme, couverte de neige pendant une grande partie de l'année, est aperçue distinctement à l'horizon sud de la ville, est le point le plus élevé.

La branche orientale est appelée *Leitha-Gebirg*; elle forme la limite naturelle de l'Autriche et de la Hongrie.

La circonscription géographique que je viens de tracer, donne lieu à une division politique du pays, et comprend l'un des quatre cercles de la Basse-Autriche, appelé *unter Wiener Wald* (qui est au-dessous de la forêt de Vienne).

Séparé *au nord* par le Danube, du cercle qui est au-dessous du mont Saint-Médard (*unter Manhart*); *au midi*, par les montagnes de Styrie, du duché qui porte ce nom; *à l'occident*, par le *Wiener Wald*, du cercle qui est au-dessus de la forêt de Vienne (*ober Wiener Wald*), et enfin, *à l'orient* par le *Leitha Gebirg*, du royaume de Hongrie.

Cette enceinte est remarquable par la beauté des sites qu'elle présente principalement sur le penchant et dans les découpures de son bord occidental, ces découpures sont dues à un grand nombre de petites vallées latérales, desquelles sortent des torrents ou des rivières qui, prenant tous une même direction qui indique la pente générale du sol, vont verser leurs eaux médiatement ou immédiatement dans le Danube.

Dans leur cours, ces eaux rapides dans les montagnes, donnent la vie à de nombreuses fabriques, et plus tranquilles dans la plaine, elles y serpentent et font l'ornement de beaucoup de maisons de plaisance renommées.

Après Vienne, les villes les plus importantes du cercle sont celles de Neustadt et de Baden; cette dernière est surtout célèbre par sa situation à l'entrée d'une vallée des plus pittoresques et par ses eaux thermales sulfureuses qui attirent chaque année un concours nombreux d'étrangers. J'aurai occasion de parler de ces eaux et des rapports qu'elles ont avec le terrain des environs.

La grande route de Vienne à Trieste traverse dans sa plus grande longueur, le bassin dont la description nous occupe, et elle en sort pour entrer en Styrie par le col assez élevé du *Semœring-Berg*.

La composition géognostique de la contrée dont l'étendue vient d'être déterminée, peut se rapporter à deux groupes distincts de terrains, les uns *anciens* et les autres comparativement *modernes*.

Le premier groupe comprendra :

1° Un calcaire généralement compacte, stratifié en couches plus ou moins inclinées et renfermant des térébratules, des ammonites, des entroques, des bélemnites, etc.
2° Des dépôts immenses et en couches solides de poudings calcaires.
3° Quelques dépôts partiels de gypse fibreux.

Ces terrains, qui paraissent appartenir ensemble au système général des grandes chaînes de montagnes calcaires du Tyrol, de la Styrie, de la Dalmatie et de beaucoup d'autres contrées plus au moins éloignées, forment ensemble les véritables bords du bassin dont le fond a été rempli par les terrains que je place dans le second groupe.

Le second groupe de terrains comprendra, dans l'ordre de leur ancienneté :

1° Une argile d'un gris bleuâtre qui recouvre peut-être des lignites.
2° Des lits puissants de marne argileuse verdâtre micacée.
3° Un système de bancs plus ou moins solides ou friables de calcaire et de sable renfermant un grand nombre de coquilles marines, des familles de celles qui caractérisent les terrains nommés *tertiaires*.
4° Un calcaire ou tuf d'eau douce.

5° Enfin, des cailloux roulés constituant un atterrissement moderne.

La coupe idéale que je suppose faite dans le sens
transversal du golfe, et que je joins à ce mémoire,
pourra donner une idée de celle que je me suis faite
des rapports de ces divers terrains entre eux (*pl. 2, fig. 6*).

Avant que de décrire chacun d'eux plus en détail,
je crois devoir déclarer ici, d'après l'objet énoncé de
mon mémoire, que bien que mes souvenirs et l'analogie
me portent à généraliser les faits que j'annonce, cependant tous les exemples que je cite, et tous les échantillons
que je possède en ce moment, sont pris (à quelques
exceptions près) d'un seul et même lieu, c'est-à-dire,
des collines qui bordent l'entrée de la petite vallée d'Hirtemberg, village situé presqu'au centre du golfe ancien,
et qui était le lieu de mon domicile habituel.

Les descriptions détaillées qui vont suivre ayant pour
objet de donner aux géologues les moyens de rapporter
les terrains que j'ai observés à ceux qu'ils ont admis
généralement, mon intention n'a pas été d'établir des
rapprochements rigoureux par les dénominations dont
je me suis servi pour désigner ces divers terrains.

PREMIER GROUPE.

TERRAINS SECONDAIRES OU ANCIENS.

1° *Du calcaire compacte.* (*Calcaire secondaire alpin?*)

Ce calcaire se compose uniquement, dans les points
variés où j'ai pu l'observer, d'assises superposées, sans
autres substances intermédiaires, d'un calcaire généralement compacte, mais dont les caractères minéralogiques
varient beaucoup.

13

Des échantillons de ce calcaire, pris dans des couches contiguës et souvent dans la même couche, pourraient être rapportés à des terrains distincts, si l'on n'avait pas observé en place les rapports géognostiques des roches que ces échantillons représentent, et si l'on ne pouvait facilement trouver des passages nuancés entre les caractères les plus opposés au premier aspect.

Ainsi, quoique ce calcaire soit, comme je l'ai dit, le plus souvent compacte, dur, à cassure écailleuse, conchoïde, luisante, à texture cristalline, il est quelquefois tendre, à cassure droite, argileuse et terne.

Sa couleur dominante est le gris, qui, d'un côté, passe par des nuances jaunâtres ou rosées, au blanc presque pur, ou bien au jaune et au rouge foncés.

Sa composition varie également, et l'acide nitrique qui le dissout entièrement dans le plus grand nombre des cas, démontre, dans quelques-uns, la présence de la silice en quantité notable ; mais cette dernière substance qui est plutôt mêlée que combinée avec la chaux carbonatée, est répartie inégalement dans la roche à laquelle elle donne alors l'aspect d'un grès.

En effet, les fragments d'un même échantillon font plus ou moins effervescence avec l'acide, et en grand, on distingue les rochers qui renferment le plus de particules siliceuses, parce qu'ils se désagrègent à l'air en petits parallélipipèdes de la grosseur du pouce environ.

Cette disposition particulière est fort remarquable à Baden, où l'on emploie utilement, pour sabler les allées des parcs, le calcaire ainsi désagrégé par place, tandis que celui qui lui sert de gangue ne peut être employé au même usage, quoiqu'à l'œil, il paraisse peu différent et qu'il compose les mêmes couches *.

La stratification des assises nombreuses qui dépendent

____

* C'est un calcaire magnésien.

de cette formation calcaire est très visible; les bancs ont de 5 à 15 pieds d'épaisseur, parallèles entre eux, ils se contournent quelquefois de manière à paraître, dans certaines localités presque verticaux et dans d'autres presque horizontaux, mais il m'a semblé, qu'en général ils s'inclinent sous un angle d'environ 36 à 40 degrés vers le sud-ouest, c'est-à-dire, vers les chaînes principales des montagnes du Tyrol.

La direction des couches qui, en conséquence du sens de leur inclinaison présumée, doit être du nord-ouest au sud-est, est telle en effet, ainsi que me l'a démontré l'observation d'un petit lit subordonné, bien distinct par sa composition, et dont la tranche paraît en affleurement de distance en distance dans cette direction du nord-ouest au sud-est sur un espace de plus d'une lieue.

Ce lit, sur lequel est construit en partie le château d'*Enzelsfeld*, se trouve sur les deux bords correspondants de la vallée d'Hirtemberg par laquelle il est coupé.

Les débris de corps organisés que l'on rencontre répartis dans toute la formation, appartiennent à des entroques, des pectinites, des térébratules, des ammonites et des bélemnites. Ces fossiles ont la structure spathique ou se fondent dans la gangue qui les renferme et avec laquelle ils font corps.

Ils ne sont pas également distribués dans toutes les assises; rares dans les unes, ils paraissent composer presque entièrement les autres; ils sont moins abondants dans les couches à texture cristalline et à cassure conchoïde, quoique cependant l'on rencontre presque exclusivement les pectinites dans un calcaire de cette nature, qui se voit sur les sommités, lorsque l'on pénètre dans les montagnes; calcaire qui ressemble presqu'en tous points à celui qui constitue les hautes montagnes du pays de Salzbourg que j'ai visitées en 1812 avec M. Brongniart. Les bancs dont la couleur est grise et la cassure terne, paraissent quelquefois pétris d'entroques et de trois espèces de térébratules dont deux sont lisses et une est striée ; enfin, les ammonites. les bélemnites avec des entroques et peut-être avec d'autres espèces de térébratules m'ont paru être réunies plus particulièrement dans les couches que colore en rouge ou en jaune le fer oxydé qui s'y voitaussi en rognons pisiformes.

C'est à un banc de cette nature que se rapporte celui dont j'ai pu suivre la direction ; il peut avoir deux pieds d'épaisseur au plus, et il paraît formé presque entièrement d'entroques ou de bélemnites qui, par leur structure spathique et leur couleur blanche, se distinguent sur le fond plus ou moins rouge de la roche et lui donnent l'apparence éloignée d'un porphyre.

Le calcaire compacte ou secondaire qui dessine fréquemment en dentelures profondes la crête des bords du bassin ou golfe de Vienne, est recouvert en partie par des dépôts immenses de pouding calcaire qui forment des plateaux étendus dont l'aspect contraste avec les déchirures de la crête, dont ils interrompent la continuité.

2° *Pouding calcaire.*

Sans entrer dans aucune discussion qui ne serait pas à sa place dans ce mémoire, je crois pouvoir rapporter les bancs puissants de cailloux roulés dont je viens de parler et que je vais décrire, au *nagel flue* des Allemands, qui couvre en général les chaînes calcaires des montagnes de la Suisse et du Tyrol, principalement du côté de l'Allemagne.

Ces débris de terrains plus anciens se présentent en masses solides qui ont souvent plus de 150 pieds d'épaisseur visible, et dans lesquelles le plus ou moins de grosseur des fragments roulés qui les composent, indique des assises distinctes.

Ces fragments sont presque tous de calcaire appartenant

à la formation précédemment décrite ; on en trouve de la dimension de 1 à 2 pieds de diamètre, quoique le plus souvent ils soient de la grosseur d'une fève. Ils sont réunis entre eux par des infiltrations spathiques ou par un ciment compacte et rougeâtre, assez dur pour permettre de tailler la pierre sans la désagréger. Quelques lits sont composés d'un véritable grès, c'est-à-dire, d'une pâte siliceuse à grains très fins et arrondis, avec quelques cailloux roulés épars, mais toujours calcaires, à ce qu'il m'a semblé.

Les assises m'ont paru s'incliner généralement vers le sud-ouest, comme celles du calcaire secondaire, mais leur inclinaison est de beaucoup moins sensible que celle de ce dernier ; elle est aussi plus régulière.

La position du pouding *sur le calcaire compacte* est incontestable dans beaucoup de lieux, soit sur le bord du bassin, soit dans l'intérieur des montagnes.

Ce terrain forme, comme je l'ai dit, des plateaux élevés d'une très grande étendue, en remplissant des intervalles laissés entre les découpures du calcaire compacte, et paraissant ainsi quelquefois combler des vallées qui auraient existé sans ces dépôts postérieurs à leur formation.

D'autres fois, cependant, on ne peut douter que les vallées latérales n'aient été ouvertes après le dépôt du pouding, puisque l'on peut observer dans les bords de ces vallées des couches correspondantes de cailloux roulés.

J'ai cherché à voir si les poudings n'auraient pas une origine postérieure à celle du calcaire coquiller, que je range dans le second groupe, et je ne les ai jamais rencontrés réellement placés dessus ce dépôt qu'ils dominent; j'ai bien trouvé sur les pentes des collines tertiaires, des blocs plus ou moins arrondis, de cailloux roulés agrégés; mais il m'a toujours été facile de me convaincre que ces blocs étaient tombés des parties supérieures. Un fait que je rapporterai, en traitant de l'argile grise, m'a confirmé dans l'idée que le pouding était de formation antérieure aux calcaires tertiaires.

Je n'ai vu aucuns débris de corps organisés dans ce terrain.

5° *Gypse fibreux et eaux thermales sulfureuses.*

En plaçant en troisième lieu la description des dépôts partiels et très peu abondants que je désigne sous le nom de gypse fibreux, mon intention n'est pas de décider que ces dépôts sont postérieurs à ceux des poudings calcaires.

Je n'ai rien vu qui puisse établir ce fait ni le fait opposé.

Ce qui m'a paru clair dans le seul gisement que j'ai examiné, c'est la superposition du gypse sur le calcaire secondaire en stratification contrastante.

Près de l'abbaye de *Heiligen-Kreutz*, à trois lieues dans la vallée de Baden, le terrain gypseux forme un mamelon allongé, composé de diverses couches que fait paraître sinueuses ou ondulées la différence d'épaisseur des mêmes lits, mais qui en masses sont stratifiées horizontalement.

La carrière exploitée à ciel ouvert, que j'ai visitée, présentait une coupe d'environ 30 pieds d'épaisseur. Les 12 à 15 pieds de fond étaient occupés par des bancs de gypse en roche, d'un gris bleuâtre uniforme et composé de lamelles cristallines qui se détachent sous le doigt.

Au rapport des ouvriers, ces bancs reposent sur des argiles rougeâtres dont je n'ai pu connaître l'épaisseur.

Au-dessus d'eux, se voient plusieurs lits irréguliers de gypse grenu jaunâtre, coupés par des filons remplis d'argile grise et rouge et de cristaux de sélénite d'un blanc limpide.

Le gypse soyeux à fibres blanches très fines et parallèles, est placé en lits sinueux dans la partie supérieure de la carrière et au milieu d'une argile rouge qui n'est recouverte elle-même que par un ou deux pieds de terre végétale.

C'est sur le bord de ce mamelon, dont je viens de décrire la structure, et dans une coupe visible sur la route de Heiligenkreutz à Mœdling, que le gypse paraît bien nettement s'appuyer sur les bancs inclinés du calcaire secondaire.

Je ne sache pas que l'on ait trouvé du muriate de soude dans ces dépôts gypseux qui néanmoins me paraissent avoir la plus grande analogie avec ceux du pays de Salzbourg qui accompagnent le sel gemme exploité, lequel semble reposer, comme ici, sur le calcaire secondaire.

Le terrain gypseux se retrouve ainsi disposé en amas isolés et qui ne sont recouverts que par la terre végétale, dans plusieurs points de la bordure occidentale du bassin de Vienne, mais cependant toujours dans les vallées latérales. Un des principaux gisements est celui de *Schottwien* qui est tout-à-fait dans le fond du golfe,

Les dépôts de gypse que je viens de signaler ont encore des rapports avec ceux qui se voient au pied des Alpes du côté de l'Allemagne, en ce que leur présence coïncide avec celle des eaux sulfureuses.

On voit, en effet, sur plusieurs points, au pied des montagnes, sourdre des sources d'eau de cette nature. Les plus célèbres sont celles de Baden, qui sont les plus chaudes et aussi les plus rapprochées du mamelon gypseux de Heiligenkreutz.

Dans la seule ville de Baden, on compte plus de douze sources qui alimentent des bains publics, et dont quelques-unes fournissent par heure 600 à 1000 pieds cubes d'eau.

Celle-ci est claire et limpide; elle laisse déposer une poudre fine jaunâtre qui, suivant le Dr Schinck, médecin de la ville, est un mélange de soufre, de muriate et de sulfate de chaux.

D'après le même docteur, les eaux de Baden contiennent du muriate de soude, du sulfate de chaux, de la chaux, quelques atomes d'oxyde de fer et du gaz hydrogène sulfuré en abondance. Leur température est de 22 à 28 degrés de Réaumur, selon les différentes sources. Elles paraissent sortir du calcaire secondaire, qu'elles ne font sûrement que traverser.

Les trois formations que je viens de décrire, c'est-a-dire celle du calcaire compacte ou secondaire, du pouding qui le recouvre, et des dépôts gypseux qui sont placés également au-dessus, composaient donc l'ancien sol au milieu duquel existait ou s'est formé une excavation profonde en forme de golfe, qui a été remplie en partie et à une époque beaucoup plus récente, par les terrains qui me restent à examiner.

DEUXIÈME GROUPE.

TERRAINS TERTIAIRES OU MODERNES.

Comme c'est aux terrains du second groupe ou tertiaires qu'est due principalement la forme du fond et des pentes adoucies des bords du bassin de Vienne, je crois devoir dire quelques mots de cette forme avant que d'entrer dans les détails descriptifs.

L'aspect général de la contrée est celui d'une vaste plaine inclinée vers le Danube, bordée, dans les trois quarts de sa circonférence par des collines dont la pente est douce, mais qui s'appliquent sur les montagnes à côtes plus abruptes, qui les dominent et qui composent l'enceinte primitive.

On remarque cependant dans cette plaine, unie et aride dans sa plus grande étendue, d'une part, des dépressions plus ou moins sensibles, qui ont retenu les eaux et formé des lacs dont les uns subsistent encore, mais dont le plus grand nombre est desséché.

L'emplacement de ceux-ci n'est plus indiqué que par des terres végétales noires et humides, qui se couvrent d'efflorescences sulfureuses, ou par des prairies tourbeuses qui renferment des coquilles lacustres mortes, semblables à celles dont les animaux vivent dans les lacs subsistants.

D'autre part, on voit quelques buttes isolées coniques ou allongées, et composées de couches meubles. Elles semblent avoir échappé à la rapidité d'un courant qui se serait dirigé vers le Danube, et aurait entraîné les dépôts de matières semblables qui existaient dans les espaces intermédiaires ; aussi se trouvent-elles vers le point le plus élargi du bassin, c'est-à-dire à son embouchure.

Ces buttes sont dans la plaine du golfe de Vienne, comme la butte Montmartre est dans la plaine Saint-Denis ; mais elles sont, comparativement, beaucoup moins élevées.

On peut suivre la correspondance des couches dont elles se composent avec celles des collines adossées aux terrains anciens.

Ces dernières collines, que l'on peut appeler tertiaires ou *subalpines*, par rapport aux montagnes principales sur lesquelles elles s'appuient, et qui se rattachent, comme on l'a vu, au système des Alpes tyroliennes, forment un cordon qui se prolonge dans tout le pourtour du golfe, à l'exception de quelques points où l'ancien sol, soit de calcaire, soit de pouding, s'avance en forme de caps dans la plaine, et se laisse voir jusqu'au niveau de celle-ci, sans être recouvert.

La ligne jusqu'à laquelle s'élèvent *les collines tertiaires subalpines*, se distingue facilement à une grande distance, et principalement de la route de Vienne à Neustadt, par un aspect particulier dû en partie à la culture de la vigne qui couvre les coteaux fertiles des terrains modernes, tandis que les plateaux de pouding qui s'élèvent au-dessus sont plantés de forêts de sapins, et que le calcaire secondaire présente des côtes arides, découpées, couvertes d'arbres disséminés irrégulièrement.

Quoique la ligne dont je viens de parler soit horizontale, les terrains tertiaires semblent s'élever lorsqu'on s'avance vers le Danube, parce que leur épaisseur visible augmente, mais cela tient d'un côté à l'abaissement gradué du sol de la plaine, et d'un autre, à ce que le calcaire secondaire s'abaissant toujours à mesure qu'il s'approche du fleuve, est à peine plus élevé que les *collines subalpines* vers l'extrémité de la chaîne.

Pour décrire les collines tertiaires, je les diviserai en formations marines et formation d'eau douce, et je suivrai dans la description de chacune l'ordre de leur ancienneté.

A. FORMATIONS MARINES.

1° *Argile grise.*

Cette argile que sa couleur, son aspect onctueux, ses principales propriétés, telles que de faire une pâte longue avec l'eau, et de pouvoir être employée à la fabrication des poteries fines dites terres de pipe, m'avaient fait comparer à l'argile plastique des environs de Paris, en diffère en ce qu'elle fait une effervescence très sensible avec les acides, et qu'elle contient du mica.

Elle est d'un gris bleuâtre, très grasse au toucher, happant à la langue, et elle se laisse polir par l'ongle; les assises qu'elle forme ne sont pas très distinctes; mais on peut voir qu'elle a été déposée horizontalement en bancs dont l'ensemble paraît avoir, dans quelques endroits, plus de 150 pieds d'épaisseur.

L'analogie et quelques faits directs me portent à croire que l'argile grise sert au moins de toit à des dépôts de lignites qui sont exploités dans plusieurs parties du bassin, et notamment à Bremberg, près Neustadt.

Je ne donne pas ceci comme un fait positif, parce que je n'ai pas conservé la description que j'avais faite sur les lieux, et qu'en outre, je crois me rappeler que le lignite

alterne avec des bancs d'une argile dure, calcaire, que je
ne puis comparer exactement à celle que je décris.

Cependant, à l'appui de l'idée que j'énonce, je ferai
remarquer qu'en 1817, des ingénieurs de Vienne firent
établir un puits de recherche à quelque distance de Baden,
dans l'espoir de trouver le lignite sous l'argile. J'ai visité
ce puits lorsqu'il avait déjà 150 pieds de profondeur, et
l'on retirait toujours la même argile bleuâtre, qui présentait seulement de petits filets épars de bois noir, et des
fragments méconnaissables de coquilles bivalves, dont la
couleur blanche se distinguait facilement sur celle de la
gangue. L'examen de ce puits m'a fourni l'occasion de
faire une observation que je crois importante, et que j'ai
promis de rapporter, lorsque j'ai parlé plus haut de la
position géologique du pouding calcaire. A plusieurs
profondeurs, on a cru être arrêté par des bancs solides;
mais on s'est bientôt aperçu que les obstacles rencontrés
n'étaient dus qu'à des fragments isolés de calcaire secondaire et de *pouding*, qui étaient tombés des hauteurs et
se trouvaient ainsi enfouis dans l'argile.

Le lignite de *Bremberg*, que je suppose recouvert par
l'argile grise, est brun ou tout-à-fait noir, il a conservé
toute la structure du bois des végétaux dicotylédons, et
les fissures qu'il présente sont remplies de sulfure de fer,
qui rend sa combustion d'un usage désagréable.

2° *Marne argileuse verdâtre.*

Au-dessus de l'argile grise sont des bancs très puissants,
d'une marne plus ou moins argileuse et quelquefois sa-
blonneuse, d'un jaune verdâtre, qui fait une vive effervescence avec l'acide nitrique, et qui contient un grand
nombre de parcelles de mica.

Cette marne compose, en grande partie, les buttes isolées du milieu de la plaine, dont quelques-unes sont couronnées par le sable calcaire coquiller.

La marne verdâtre micacée est employée par les nombreuses fabriques de briques et de tuiles, qui servent presque uniquement à la construction des maisons de Vienne.

Ses parties supérieures principalement contiennent des coquilles fossiles, dont le test est blanc et très friable, mais qui ne diffèrent en rien, quant aux espèces, de celles qui se voient dans les terrains placés au-dessus.

Je ferai remarquer ici que des échantillons de l'argile micacée, renfermant des coquilles, mis à côté de ceux de l'argile qui sert en partie de gangue aux coquilles du Plaisantin, ne paraissent pas en différer. J'ai vu, par exemple, dans la collection de M. Brongniart, les deux valves du *cardium hyans*, décrit et figuré par Brocchi, comme espèce nouvelle et particulière au Plaisantin, réunies par une marne argileuse verdâtre et micacée, qui a la composition, la couleur et tout l'aspect de celle que je décris.

La collection du Muséum d'Histoire naturelle possède un individu de l'*arca mytiloïdes* de Brocchi, également engagé dans une gangue argileuse, que l'on ne saurait distinguer de plusieurs échantillons que j'ai pris à Hirtemberg, et qui renferment aussi des fragments de coquilles que je ne puis mieux rapporter qu'à l'*arca mytiloïdes*, quoique je n'aie pas vu la charnière des valves. Ces fragments sont accompagnés d'une espèce de *turritelle* que l'on peut regarder beaucoup plus sûrement comme le *turbo vermicularis* fossile de l'Italie, et décrit dans la *Conchyliologie subapennine*.

Dans les parties supérieures des carrières exploitées, dont la coupe est quelquefois de 60 à 80 pieds d'épaisseur, on remarque des lits horizontaux, mais interrompus, d'une marne pulvérulente blanche, sans mica, disposés à peu près comme le sont les lits de rognons aplatis et de forme irrégulière du silex, dans la craie ordinaire du bassin de Paris.

Il n'y a pas de limites tranchées entre les dépôts d'argile micacée, et ceux que je rapporte au calcaire et sable coquillers ; on peut les considérer comme appartenant à la même formation. ᕦ

Les lits qui composent ce terrain sont aussi nombreux que variés par les caractères minéralogiques qu'ils présentent.

Ils sont plus ou moins solides ou friables, selon les localités, et de même qu'on l'observe dans les terrains des environs de Paris, certaines couches très puissantes dans un lieu, sont très minces dans un autre, et manquent quelquefois tout-à-fait.

Dans presque tous les bancs, on rencontre des cailloux roulés, épars, qui appartiennent au système du nagelflue, c'est-à-dire qu'ils sont de calcaire secondaire.

J'étais parvenu à déterminer à peu près l'ordre de succession des différents bancs, lequel ne m'a paru jamais être interverti ; mais je remets à un autre temps à entrer, à ce sujet, dans des détails utiles, il est vrai, mais qui ne le sont qu'autant qu'ils sont donnés d'une manière positive ; je dirai seulement ici que les couches supérieures sont généralement formées d'un sable grossier, argileux, rougeâtre, agglutinant les coquilles qu'il renferme, et qui sont principalement des valves de pecten et des grandes huîtres (*ostrea hippopus*) ; que les différents systèmes de couches, plus ou moins compactes, sont souvent séparés par des lits de marne verte ou jaunâtre, et par des sables calcaires friables.

Les fossiles sont très nombreux dans le terrain calcaire, et comme ils se trouvent dans les couches de diverse nature que je viens d'indiquer, leur état de conservation varie en raison de leur gisement ; la même espèce qui se trouve libre et parfaitement conservée dans les sables calcaires, se voit à l'état de moule ou d'empreinte extérieure dans les couches dures ou dans les marnes tendres.

Quelques espèces ont particulièrement encore leur nacre et leurs couleurs.

Outre les coquilles dont j'étais parvenu à séparer, comme distinctes, près de deux cents espèces, sans avoir pu les déterminer exactement, on trouve dans la même formation, des dents de squale (*squalus cornubicus*), des oursins, des madrépores, deux serpules très abondantes (*serpula protensa* et *serpula dentifera*) qui se trouvent également en Italie.

J'ai aussi trouvé dans la vallée de Gottenbrunn, entre ce village et celui de Gainfaren, dans une terre argileuse cultivée, des fragments brisés et indéterminables d'os fossiles de mammifères ; comme ils étaient dans la partie la plus basse du sol avec des arches, des serpules, des huîtres, j'ai considéré les terres dans lesquelles ils étaient comme étant formées par les éboulements des collines voisines.

Les ouvriers des fabriques de tuiles m'ont assuré que l'on trouvait quelquefois des os dans l'argile verdâtre ; mais ils n'ont pu m'en procurer aucun.

Dans son *Manuel minéralogique*, Andreas Stütz donne l'indication d'un grand nombre de lieux, aux environs de Vienne, où l'on a trouvé des squelettes entiers et des os isolés, qu'il regarde comme ayant appartenu à des éléphants, à des rhinocéros, des hippopotames, à plusieurs cétacés et à divers poissons ; plusieurs, dit-il aussi, ne peuvent être rapportés à aucun animal connu ; mais cet auteur ne fait pas connaître d'une manière précise, la nature des substances dans lesquelles ces divers fossiles ont été trouvés. Je viens de dire que les mêmes coquilles se trouvent dans les diverses couches ; mais bien que cela soit vrai généralement, cependant on peut remarquer que les espèces sont groupées ensemble d'une manière assez constante : par exemple (ainsi que je l'ai fait remarquer déjà), les grandes huîtres et les peignes sont en grand nombre dans le sable jaunâtre ferrugineux des parties supérieures; les arches, les cardites, les casques, les serpules se trouvent plus souvent ensemble dans les fonds argileux et bas; deux espèces de cérites et quelques bivalves du genre Vénus, composent presque seules des bancs de 4 à 5 pieds d'épaisseur, de sable calcaire et terreux dans lequel elles sont libres, etc.

Je ne négligerai pas, dans mon travail définitif, la recherche des lois que suivent ainsi les espèces dans leur réunion, parce que je regarde ce point de l'observation des fossiles comme très important pour l'histoire particulière des terrains zootiques, et peut-être aussi pour celle de la zoologie en général : j'espère présenter quelques résultats intéressants à ce sujet.

Le manque de temps et d'ouvrages ne m'a pas permis de déterminer en Autriche, les nombreuses espèces dont se composait ma collection; je m'étais seulement aperçu que très peu pouvaient être rapportées aux coquilles fossiles de Grignon en particulier; tandis qu'au contraire, il était facile d'en trouver beaucoup de semblables à celles décrites et si bien figurées dans l'important ouvrage de M. Brocchi, sur la *Conchyliologie subapennine.*

De retour en France, j'ai cherché également à détruire ou à confirmer ma première idée; mais malheureusement je ne possédais plus alors qu'un nombre limité de soixante-trois espèces.

L'obligeance de M. Defrance, dont la collection est sans contredit la plus complète, m'a permis de comparer mes fossiles avec ceux des environs de Paris, et je n'ai trouvé que deux espèces semblables.

D'un autre côté, je dois à M. le professeur Ménard de la Groye, non seulement d'avoir pu examiner comparativement avec les miens, les fossiles d'Italie dans la précieuse collection géologique qu'il a recueillie lui-même, mais encore de pouvoir présenter ici avec plus de confiance, les résultats auxquels je suis parvenu en suivant les conseils qu'il a bien voulu me donner.

Sur soixante-trois espèces qui ont servi de base à la comparaison, je n'ai reconnu que deux espèces qui se touvent à Grignon :

Bulla ovoluta,
Conus deperditus.

Les mêmes sont communes en Italie, et je dois faire remarquer que le *conus deperditus* de Grignon a la rampe que forment les tours de spire finement striée, tandis que celui d'Italie, qui n'en diffère en rien par les formes, a cette rampe lisse, et ce dernier caractère se remarque également sur celui des environs de Vienne.

Vingt-sept espèces sont figurées comme espèces particulières à l'Italie, dans l'ouvrage de Brocchi :

		BROCCHI.	Genre.		LAMARCK.
Patella. .	*Crepidula.* . .			Crepidula. . .	
Bulla. . .	*Convoluta.* . .	*Id.*	—	Bulla.	*Id.*
Conus. . .	*Pyrula.* . . .	*Id.*	—	Conus	*Id.*
	Mercati. . . .	*Id.*	—	*Id.*	*Id.*
	Striatulus. . .	*Id.*	—	*Id.*	*Id.*
Voluta. .	*Piscatoria ?* .	*Id.*	—	Cancellaria . .	*Id.*
	Lyrata	*Id.*	—	*Id.*	*Id.*
	Varicosa. . .	*Id.*	—	*Id.*	*Id.*
	Umbilicaris .	*Id.*	—	*Id.*	*Id.*
Buccinum.	*Serratum.* . .	*Id.*	—	Buccinum . .	*Id.*
	Gibbum, va- rietas B. . .	*Id.*	—	*Id.*	*Id.*
	Interruptum .	*Id.*	—	*Id.*	*Id.*
	Monocanthos.	*Id.*	—	Purpura . . .	*Id.*
Trochus .	*Patulus.* . . .	*Id.*	—	Trochus . . .	*Id.*
Turbo . .	*Spiratus* . . .	*Id.*	—	Turitella. . .	*Id.*
	Vermicularis.	*Id.*	—	*Id.*	*Id.*
	Imbricatus . .	*Id.*	—	*Id.*	*Id.*
Strombus .	*Pespelecani* .	*Id.*	—	Rostellaria . .	*Id.*
Murex . .	*Longiroster.* .	*Id.*	—	Fusus.	*Id.*
	Bicinctus. . .	*Id.*	—	Ceritium . . .	*Id.*
	Margarita- ceus? . . .	*Id.*	—	*Id.*	*Id.*

Arca . . .	*Mytiloides* . .	Brocchi.	Genre.	Arca	Lamarck:
Solen . .	*Candidus* ou	*Id.*			
	Strigilatus. .	*Id.*	—	Solen.	*Id.*
Cardium .	*Hyans*	*Id.*	—	Cardium . . .	*Id.*
Chama. .	*Cor.*	*Id.*	—	Isocardia . . .	*Id.*
	Rhomboidea .	*Id.*	—	Venericardia .	*Id.*
	Pectinata. . .	*Id.*	—	*Id.*	*Id.*
Venus . .	*Aphrodite* . .	*Id.*	—	Venus	*Id.*

Vingt espèces sont analogues, sans aucun doute, à des fossiles non déterminés, que j'ai vu dans les collections de MM. Ménard de la Groye, Defrance et Brongniart, où ils sont notés comme venant d'Italie.

Parmi ces espèces, sont :

1 cone,

1 cancellaire,

2 casques,

1 vis,

2 ancilles,

2 turritelles,

1 ampulaire,

2 murex,

3 pleurotomes,

1 arche (*arca diluvii ?*);

1 cardium,

2 vénus,

1 came.

Enfin, je n'ai trouvé dans aucune des collections que que je viens de citer, quatorze espèces appartenant aux genres Buccin, Pleurotome, Cérite, Paludine, Telline, Vénus et Huître.

Mon intention étant de donner par la suite, des descriptions et des figures des fossiles des environs de Vienne, je crois pouvoir m'arrêter ici aux généralités qui précèdent.

J'ajouterai cependant que quelques espèces sont communes au bassin de Vienne, à l'Italie et à quelques dépôts du midi de l'intérieur de la France.

Je citerai encore, parmi ces dernières,

1 cone......	*Hirtemberg. Italie. Dax.*	*Touraine.*
2 turritelles.	*Idem.......... Roussillon. Loignan.*	
1 trochus...	*Idem....Rome. Bordeaux.*	
1 cérite.....	*Idem....Italie. Dax.*	
2 cancellaires	*Idem....Idem. Idem.*	
....	*Idem....Idem. Touraine.*	
1 ancille....	*Idem....Turin. Loignan.*	
1 cithérée..	*Idem....Italie. Touraine.*	

qui ne se trouvent pas à Grignon.

B. FORMATION D'EAU DOUCE.

Calcaire d'eau douce.

A peine dix années se sont écoulées depuis que M. Brongniart a fait admettre en Géognosie l'existence de terrains formés dans les eaux douces, et déjà des terrains de même origine, dont les caractères n'avaient pas été appréciés précédemment, ont été signalés sur presque tous les points du globe.

Comme l'avait annoncé le savant que je viens de citer, dans un mémoire spécial *, et comme il l'a démontré depuis dans la *Géographie minéralogique des environs de Paris*, on a reconnu généralement que la nature des fossiles et les rapports géognostiques forçaient d'assigner divers âges à plusieurs de ces terrains formés par des causes analogues.

Ceux que l'on regarde comme les plus modernes peuvent même à peine se distinguer des dépôts qui se forment en-

---

* Ann. du Mus. d'Hist. nat., t. XV, p. 357.

core aujourd'hui, et auxquels cependant on réserve le nom de *tuf.* '

Le calcaire évidemment d'eau douce que j'ai rencontré dans plusieurs points du golfe de Vienne, est dans ce dernier cas ; on voit le même sur le bord des lacs actuels qui se trouvent dans les parties les plus basses et dans d'autres lieux, en couches épaisses, mais de peu d'étendue, à une élévation telle, que pour citer un exemple, le clocher de l'église de la ville de Baden se trouverait couvert de plus de 50 pieds d'eau, si celle-ci reprenait le niveau qu'elle avait, lorsque les dépôts de calcaire d'eau douce ont été formés.

Le calcaire d'eau douce de Baden se voit en assises horizontales sur plus de vingt pieds d'épaisseur ; il repose en partie sur le terrain tertiaire marin, et il est adossé, en partie aussi, au calcaire secondaire qui, dans ce point, fait une saillie sur laquelle sont établies les promenades de la ville et le calvaire.

En suivant la pente générale de la montagne, on serait arrêté au-dessus de ce que l'on appelle la prairie du parc, par un bourrelet qui présente un mur presque perpendiculaire de 20 pieds de hauteur, et qui est formé de calcaire d'eau douce, si l'on n'avait pas échancré ce bourrelet pour laisser passer le chemin qui conduit au sommet de la montagne.

La route taillée dans le roc d'eau douce, permet de voir parfaitement les assises à droite et à gauche.

Je dois faire observer que les blocs de très grande dimension, extraits par suite de cette opération, ont été reportés tant au-dessus qu'au-dessous de leur position naturelle, et qu'ils ont été disposés d'une manière pittoresque, en rochers épars, dans la prairie.

Cette œuvre de l'homme pourrait embarrasser l'observateur qui n'aurait pas connaissance du fait.

Les bancs qui sont évidemment en place, sont composés d'un calcaire gris très compacte et très dur, traversé par

14.

beaucoup de cavités sinueuses, et rempli de coquilles dont les unes ont conservé leur test, et dont les autres sont spathiques. La couche supérieure et quelques petits lits qui séparent les bancs, sont tendres et pulvérulents ; les coquilles dont la couleur alors est plutôt rosée que blanche, se séparent facilement de la gangue ; mais elles sont tellement friables, qu'il est impossible d'en avoir une entière.

La partie du terrain d'eau douce qui est en contact avec le calcaire secondaire, représente une véritable brèche formée de fragments de ce dernier calcaire, réunis par un ciment qui lui-même est pétri de coquilles. Le tout est lié d'une manière si intime, que certains échantillons sembleraient démontrer la présence des coquilles d'eau douce dans le calcaire secondaire, si, par un examen attentif, on ne se rendait pas compte de cette anomalie apparente.

Les coquilles sont très abondantes, quoique les espèces ne soient pas très variées. J'ai pu distinguer seulement,

1 succinée,
1 planorbe,
1 paludine,

qui présentent cela de remarquable que les deux premières de ces coquilles sont les analogues parfaits des *succinea amphibia* et *planorbis albus* qui vivent encore dans nos eaux douces, et que la *paludine* ne peut être mieux rapportée qu'à l'espèce qui compose en partie les tubes des indusia observés en Auvergne principalement.

DÉPOT D'ATTERRISSEMENT.

Toute la partie que l'on peut considérer d'une manière générale, comme la plaine du golfe de Vienne, est presque entièrement recouverte d'une couche plus ou moins épaisse de cailloux roulés non agrégés, sur lesquels se trouvent à peine quelques pouces de terre végétale. De grands espaces stériles laissent même voir à nu le sable et les cailloux, tel est le vaste champ qui s'étend entre Baden et Neustadt, et que par cette raison, on nomme *Stein-Feld*.

Ce sol d'atterrissement est en grande partie composé de cailloux roulés calcaires, semblables à ceux du *nagelflue*, de la désagrégation duquel ils proviennent sans doute ; mais on y remarque aussi les débris de roches qu'il ne m'a pas été possible de voir dans les assises du pouding en place, telles que des siénites, du schiste, un calce-schiste noir et blanc, très commun, des gneiss et du silex, etc.

Quelques monticules peu élevés de marne argileuse micacée sont couronnés par des cailloux roulés du sol d'atterrissement. On en voit un exemple au point le plus élevé qui se trouve à moitié chemin entre Vienne et Laxembourg.

DEUXIÈME PARTIE.

Dans les descriptions qui précèdent, j'ai cherché à faire ressortir les points d'analogie que présentent les terrains tertiaires des environs de Vienne, avec ceux qui, en Italie, constituent les longues chaînes des collines subapennines.

On a pu remarquer que non seulement beaucoup de coquilles fossiles de ces terrains que séparent de grands intervalles et les hautes montagnes du Tyrol et de l'Illyrie, appartiennent à des espèces semblables, mais encore que très peu d'entre elles peuvent être rapportées exactement à celles du calcaire grossier des environs de Paris.

Quelque remarquables que soient ces faits, et si l'on y joint même l'observation que les fossiles des premiers gissements s'éloignent généralement moins par leur formes, des espèces dont les animaux vivent dans les mers voisines, que ne le font ceux du calcaire grossier et de Grignon en particulier, ils ne m'auraient cependant pas conduits seuls à penser : *que l'on doit considérer les terrains modernes observés en Autriche et en Italie, comme le produit simultané du dernier séjour des eaux de la mer sur les continents actuels, tandis qu'il faut regarder la formation du calcaire grossier des environs de Paris dont les bancs coquillers de Grignon font partie, comme appartenant à une époque différente et à un âge de la terre beaucoup plus reculé.*

Je sais, en effet, que l'identité de quelques fossiles, considérés isolément, ne peut pas mieux servir à classer dans la même époque de formation deux terrains éloignés l'un de l'autre, que la différence qu'offriraient les fossiles de ces deux terrains ne pourrait conduire à leur assigner des âges différents, puisqu'il est facile de concevoir qu'un grand nombre d'espèces aient pu assister, sans avoir subi de modifications très sensibles, à plusieurs des dernières révolutions que la terre a éprouvées, de même qu'il peut se faire que certains êtres très différents, aient habité à à une même époque des localités circonscrites ; et de plus, quelques espèces d'abord répandues dans toutes les mers, n'ont-elles pas pu disparaître successivement, en persistant à vivre encore longtemps dans quelques points isolés.

Ce n'est que de la concordance d'un grand nombre de caractères réunis, que peuvent résulter des rapprochements probables en Géognosie et surtout lorsqu'il s'agit de comparer entre eux les divers membres des formations tertiaires qui, composées de peu de substances minéralogiques communes à toutes, se présentent avec le même aspect général.

Pour être admis à prononcer rigoureusement sur de semblables questions, il faudrait avoir recueilli soi-même de nombreux faits géognostiques, avoir examiné avec le même soin et le même esprit, chacun des terrains dont on veut comparer l'origine, connaître tous les êtres organisés dont ils renferment les débris, tant ceux qui leur sont communs, que ceux qui sont particuliers à chacun, afin de voir si la somme des rapports en ce point ne serait pas moindre que celle des différences, et si celles-ci doivent être attribuées aux influences locales ou bien à l'époque de la formation ; enfin, surtout, il faudrait s'être bien rendu compte de la position géognostique des couches qui renferment les fossiles, relativement à celles qu'elles recouvrent ou par lesquelles elles sont recouvertes.

Aussi, quelques moyens que m'ait donné le superbe ouvrage de M. Brocchi, de connaître la composition des collines subapennines, je suis loin de me croire en droit de faire adopter mon opinion sur un sujet aussi important, et je ne l'émets que comme une hypothèse que les considérations qu'il me reste à développer feront sûrement juger assez fondée en raisons, pour qu'il devienne au moins utile d'essayer de la détruire ou de l'ériger en vérité par de nouvelles recherches.

D'abord, si après avoir reconnu, 1° que dans les collines du bassin de Vienne et dans celles qui bordent la chaîne des Apennins, les espèces de testacés sont en partie les mêmes;

2° Que beaucoup, par conséquent, ont la plus grande analogie avec ceux des mers actuelles peu éloignées ;

3° Qu'avec ces dépouilles des animaux marins, se trouvent des débris de grands mammifères amphibies et terrestres, dont les genres existent encore ;

On vient à comparer entre eux dans leur composition et dans leur ensemble, les terrains des deux contrées, on trouve encore beaucoup de caractères qui leur sont communs. Les substances dont ils sont formés sont semblables, elles affectent un état plutôt meuble que solide, et elles sont placées dans le même ordre de superposition.

Ainsi, en Autriche et en Italie, l'argile grise ou bleuâtre, quelquefois verte et presque toujours *micacée*, forme les couches inférieures que surmontent des sables plus ou moins calcaires ou siliceux, rarement agrégés.

La manière dont les fossiles sont distribués dans ces diverses couches, n'a pas encore été, il est vrai, déterminée bien exactement ; mais les peignes et les grandes huîtres se voient spécialement dans les sables supérieurs.

Au-dessus de ceux-ci, on ne rencontre plus que des dépôts de calcaire d'eau douce d'une origine très récente , ou localement des produits volcaniques, mais rien n'atteste qu'une nouvelle irruption de la mer soit venue submerger les collines ainsi composées, depuis qu'elles sont sorties des eaux auxquelles elles doivent leur existence.

Si je veux faire une semblable comparaison avec les terrains des environs de Paris, je rencontre de suite, des différences de la plus haute importance.

Dans le bassin de la Seine, le terrain tertiaire comprend deux formations marines bien distinctes, entre lesquelles il faut nécessairement placer une longue série de siècles.

La première formation ou celle du calcaire à cérites , est bien composée de bancs successifs d'argile et de calcaire ; mais cette argile non *micacée* et généralement pure, ne fait pas effervescence avec les acides, comme celle que j'ai décrite ; le calcaire qui la recouvre est en assises plus souvent solides que friables ; les nombreuses coquilles fossiles que celui-ci renferme s'éloignent presque toutes des espèces actuellement existantes dans nos mers ; et aucuns débris bien constatés qui auraient pu appartenir à des mammifères terrestres n'ont été trouvés avec ces coquilles. Cette formation marine est recouverte par un système très puissant de dépôts , évidemment formés dans les eaux douces, et c'est dans l'épaisseur des bancs du gypse cristallisé en masse, qui constituent la partie dominante de ce dernier système, que se rencontrent les premiers animaux mammifères connus à l'état fossile, parmi lesquels les *palæotherium*, et les *anoplotherium* dont la résurrection aussi importante pour la Zoologie que pour la Géologie, doit faire à jamais époque dans ces deux sciences, forment des genres nouveaux pour le monde actuel ; au-dessus des gypses et marnes d'eau douce, se retrouvent des produits marins qui sembleraient annoncer qu'une nouvelle irruption de la mer est venue couvrir les contrées qu'elle avait déjà abandonnées; enfin à cette nouvelle et seconde formation marine succèdent encore des dépôts d'eau douce d'une origine plus récente.

Voici donc deux grandes époques bien séparées, pendant lesquelles la mer déposa itérativement dans le même lieu les débris des corps qu'elle contenait dans son sein.

L'une *antérieure* à la formation d'eau douce des gypses et probablement à la création des êtres organisés mammifères terrestres * ;

Et l'autre *postérieure* à cette même formation des gypses contemporains des grands animaux dont ils recèlent les débris.

S'il fallait se décider à rapporter les terrains des environs de Vienne et ceux d'Italie, à l'une de ces deux formations marines des environs de Paris, on conviendra que sous beaucoup de rapports généraux, on pourrait leur trouver de l'analogie avec la dernière, la plus récente de ces formations. Comme eux, celle-ci est composée de couches meubles d'argile plus ou moins pure et de sable souvent micacée; comme eux, elle semble être le dernier témoignage de la *présence prolongée* de la mer sur nos continents, et l'effet d'un déluge qui aurait anéanti des races entières de grands animaux déjà répandus sur les terres.

Le mauvais état de conservation des coquilles fossiles que renferment les derniers dépôts marins des environs de Paris, n'a pas permis de déterminer bien exactement un grand nombre d'espèces; mais parmi celles qui n'ont pas subi d'altération, telles que les huîtres qui forment des

---

* Je devais raisonner alors d'après les principes généralement admis, et que je ne pouvais contester comme je l'ai fait plus tard (*Mém. sur les submersions itératives*, etc.).

lits entiers, on reconnaît ces mêmes grandes huîtres (*ostrea hippopus*) si communes dans les sables supérieurs des collines subapennines, et dans celles du bassin de Vienne.

Avant qu'une connaissance plus exacte des fossiles dont je viens de parler, puisse donner plus ou moins d'importance aux derniers rapprochements, peut-être prématurés, que j'ai laissés entrevoir, l'induction et quelques recherches directes me portent dès à présent à penser que ces fossiles des derniers dépôts marins des environs de Paris, diffèrent en somme de ceux de la formation inférieure au gypse, beaucoup plus que l'on ne paraît le croire généralement.

Bien que MM. Cuvier et Brongniart aient dit formellement qu'avec la nouvelle irruption de la mer sur les premiers terrains d'eau douce, *reparaissent les mêmes coquilles que l'on a trouvées dans les couches moyennes du calcaire grossier* [*]; cependant, la liste que ces auteurs donnent des fossiles de chacune des deux formations marines, et les réflexions qu'ils y joignent, annoncent qu'ils étaient loin d'admettre définitivement cette idée. Si en effet, on compare ces listes, on voit bien que dans les deux formations se trouvent quelques espèces semblables :

> *Cytherea elegans,*
> *nitidula,*
> *Cardium obliquum ?*
> *Ceritium mutabile ?*
> *Pectunculus pulvinatus,*
> *Ostrea flabellula, etc.* ;

mais 1° que la formation inférieure ou *ante-palæothérienne* renferme spécialement les diverses espèces de nummulites, de caryophyllées, les orbitolites, les milliolites.

---

[*] *Géog. min. des environs de Paris*, p. 47.

Ceritium giganteum,
            tuberculatum,
            lapidum,
Voluta cithara,
Turritella multisulcata,
            imbricata,
Lucina circinaria,
            saxorum, etc.

Et 2° que dans la formation *post-palœothérienne* paraissent pour la première fois.

Les Spirorbes,
      Cythérées bombée et platte,
Cytherea semisulcata,
Ceritium plicatum,
            cinctum,
Nucula margaritacea,
Melania hordeacea,
            costellata.

Sept espèces d'huîtres, parmi lesquelles la plus remarquable est encore l'*ostrea hippopus.*

Les différences que présentent les fossiles de deux formations aussi distinctes par leur âge, sont tout-à-fait en rapport avec cette loi si importante que les Géologues modernes ont déduite de l'observation générale, savoir : *Que les corps organisés fossiles dont on retrouve les débris dans les couches de la terre, diffèrent d'*AUTANT PLUS *des êtres actuellement existants, qu'ils sont enfouis dans des couches plus anciennes.*

Ne serait-elle pas controuvée cette loi, si après un aussi longtemps et dans le même lieu, la mer avait déposé, je ne dis pas quelques-uns des mêmes êtres organisés qu'elle nourrissait autrefois; mais tous les mêmes, groupés de la même manière, et dans de semblables proportions, sans que l'on s'aperçoive de la disparition d'anciennes races ou espèces, ni de l'apparition de nouvelles.

Ce fait, s'il avait lieu, serait contraire à ce qu'on voit dans les diverses parties d'une seule formation, puisque les fossiles y sont répartis dans un ordre constant; des espèces uniques ou communes dans les lits inférieurs, se mêlent avec de nouvelles espèces, deviennent rares, disparaissent dans les lits moyens ou supérieurs; tandis que de nouveaux êtres semblent naître et se modifier pour laisser la place à d'autres à leur tour.

Comment pareille chose n'arriverait-elle pas à l'égard de deux formations d'un âge aussi différent que le sont la formation antérieure et la formation postérieure au gypse?

En effet, a-t-on dit, après que la mer eut abandonné les dépôts de calcaire grossier qu'elle venait de former, des lacs d'eau douce ont succédé aux eaux salées; dans le sein de ces lacs, se sont développés et se sont propagés de nouveaux êtres; sur leurs bords ont vécu de grands animaux mammifères dont l'existence n'était pas encore connue; des races entières ont été introduites dans la série graduée des corps organisés; elles se sont multipliées, et déjà plusieurs n'existaient plus, lorsque la mer est venu une seconde fois submerger les mêmes contrées.

Combien n'a-t-il pas fallu de siècles pour qu'un semblable phénomène ait eu lieu! et je le répète, les zoologistes ne seraient-ils pas aussi étonnés que les géologues de voir que le temps n'aurait apporté aucune modification, à la série des êtres organisés?

Quelqu'extraordinaire que paraissent ces alternatives de retraite et de retour de la mer dans le même lieu; pour se refuser à y croire il faut faire des suppositions qu'il est plus difficile encore de faire admettre, et qui n'exigent pas moins de temps. Il faut supposer que sans se retirer, les eaux ont alternativement changé de nature ; qu'après avoir nourri des êtres qui ressemblent à ceux qui n'habitent que des eaux salées aujourd'hui, tous ces êtres ont été détruits ; qu'une deuxième création d'animaux analogues à ceux que l'on rencontre maintenant dans les eaux douces, a eu lieu en même temps que des sédiments d'une substance nouvelle se formaient ; qu'une troisième fois, les animaux des eaux salées ont reparu pour être remplacés en quatrième lieu, par des produits semblables à ceux des eaux douces actuelles.

Mais, dans cette supposition même, comment se rendre compte de l'existence limitée des dépouilles de grands mammifères dans les couches attribuées aujourd'hui aux eaux douces ; car pour ne pas faire revenir la mer après qu'elle s'est retirée, il faudrait admettre qu'elle est restée stationnaire au point le plus élevé des terrains les plus modernes, et, pour prendre un exemple dans les collines subapennines, je ferai observer, d'après Saussure et Brocchi, que la colline de sable bien évidemment tertiaire sur laquelle est bâtie la capitale de San Marino, est élevée de 700 mètres environ au-dessus du niveau actuel de la mer, et par conséquent de 560 mètres au-dessus du sommet de Montmartre qui, à la même époque, aurait été couvert de cette quantité d'eau.

Où auraient vécu alors les anoplotherium, les palœotherium et les autres animaux dont les ossements se trouvent avec les leurs, si ce n'est sur des lieux plus élevés et par conséquent très éloignés de ceux où l'on rencontre aujourd'hui leurs dépouilles ? Pourquoi celles-ci seraient-elles réunies dans des bassins circonscrits comme l'est celui des environs de Paris ? Et pourquoi leur présence coïnciderait-elle avec celle des produits des eaux douces actuelles ?

Au moment ou j'écrivais ces pages (novembre 1820), mon but principal était de faire voir que les terrains tertiaires marins du bassin de

Vienne, des collines subapennines et du midi de la France avaient beaucoup plus de rapports entre eux qu'avec ceux des environs de Paris et notamment qu'avec ceux de Grignon, et qu'ils appartenaient ensemble à une période plus récente.

Cette idée déduite de la comparaison des fossiles des diverses localités et de ceux-ci avec les coquilles des molusques vivants était nouvelle.

Je n'avais alors aucune valable raison pour m'écarter des opinions théoriques proposées par MM. Cuvier et Brongniart, malgré les doutes qu'avait laissés dans mon esprit la découverte des coquilles marines dans la carrière de gypse de la *Hutte au garde* (mém. page 129).

Ce n'est qu'après de nombreuses observations faites aux environs de Paris, et dans plusieurs voyages en France et en Angleterre et particulièrement après une étude comparée des deux rives du canal de la Manche (1821 à 1825, *mém. sur les falaises de Normandie*), que j'ai entrevu la possibilité d'expliquer les alternances et les mélanges des fossiles marins et d'eau douce au moyen de la théorie des affluents que j'ai proposée depuis (1827).

Quelle que soit, au surplus, l'hypothèse à laquelle on veuille s'arrêter, l'interposition des dépôts gypseux et des ossements de mammifères qu'ils renferment, suffit pour faire attribuer un âge bien différent au calcaire coquiller que ces dépôts recouvrent et aux sables marins par lesquels ils sont recouverts ; et cependant lorsque les assises du gypse viennent à manquer accidentellement, comme cela a lieu fréquemment aux environs de Paris, les deux formations marines inférieure et supérieure, superposées immédiatement dans ce cas, semblent se confondre, au point que sans l'analogie, on n'aurait aucune raison pour les séparer.

Cet exemple, qui résulte de l'étude des terrains des environs de Paris, peut s'appliquer à celle de tous les terrains ; il démontre que dans beaucoup de circonstances, les géologues ont pu et qu'ils peuvent encore se tromper en regardant comme membre d'une seule formation, des couches contiguës dont chacune peut appartenir à une révolution de la terre très distincte.

L'examen détaillé des fossiles particuliers à chacune de ces couches pourrait conduire à éviter ces erreurs, si la loi, dont les géologues ont cru trouver les caractères empreints sur les derniers feuillets de l'enveloppe du globe terrestre, pouvait être établie par eux d'une manière claire et exacte ; car s'il est vrai de dire, d'après l'observation des couches de la terre : *que* PLUS *les êtres organisés vivaient à une époque éloignée de nous*, et PLUS *ils différaient de ceux qui nous entourent*, il faut en déduire, comme une conséquence rigoureuse, que depuis la création, jusqu'à nos jours, il y a eu dans la chaîne que forment les divers degrés d'organisation des corps, des modifications graduées et sensibles, que dans les périodes, on doit remarquer un état constant, soit dans la nature des espèces, dans leur association, soit dans les altérations qu'ont éprouvées les divers types qui composent cette chaîne, de manière qu'à toute époque fixée depuis la création, la somme des rapports ou des différences doit toujours être en raison directe du temps qui s'est écoulé avant ou depuis cette époque.

En faisant connaître des animaux qui n'ont point d'analogues vivants, la Géologie a fourni à la Zoologie les moyens de remplir des lacunes qui l'embarrassaient; peut-être qu'elle pourra lui donner ainsi des renseignements suffisants pour qu'il devienne possible de tracer un jour l'histoire généalogique des êtres et de leurs modifications; c'est alors seulement que les périodes bien établies de cette histoire, pourront servir à caractériser et à bien limiter des époques correspondantes dans les diverses formations des terrains qui renferment des restes de corps organisés.

Jusques là, on ne peut que poser en principe, d'une manière conjecturale, qu'un nouveau terrain étant observé et son âge n'étant pas encore connu, la somme des rapports ou des différences que présentent les fossiles qu'il renferme avec ceux des terrains connus, doit conduire à le rapprocher plus ou moins de tel ou tel de ces terrains. Toutefois, l'application de ce principe devient d'autant plus difficile à faire, que les contrées que l'on veut comparer sont plus éloignées l'une de l'autre, parce qu'alors, les localités peuvent avoir exercé une influence plus ou moins grande.

D'après cela, il sera facile d'apprécier le peu d'importance que je mets à annoncer, qu'ayant retrouvé dans des dépôts marins des côtes de Nice, du Roussillon, de Loignan, près de Bordeaux, de Dax et même de la Touraine, quelques espèces de coquilles fossiles qui se voient également en Italie et en Autriche, mais qui sont étrangères aux fossiles de Grignon, c'est-à-dire à ceux du calcaire inférieur au gypse, il pourrait se faire que ces dépôts des divers lieux que je viens de citer, fussent reconnus par la suite, pour appartenir à la formation des collines subapennines plutôt qu'à celle du calcaire des environs de Paris.

Il est du reste incontestable qu'au moment où la mer était assez élevée pour former les collines subapennines, elle devait d'un côté couvrir toutes les parties basses des côtes de la Dalmatie, des îles de l'Archipel, communiquer largement par la mer Noire, avec la vallée du Danube, submerger, en se réunissant à la mer Caspienne, toutes les grandes plaines de la Russie et de l'Asie, qui séparent aujourd'hui cette dernière mer de la mer Noire, et qui présentent tous les caractères d'une plage récemment abandonnée.

D'un autre côté, elle devait nécessairement couvrir aussi les autres côtes septentrionales de l'Afrique et ses déserts, et toutes les terres basses du midi de la France, en communiquant avec l'ancien Océan et séparant l'Espagne de l'Europe.

Depuis cette époque, la forme générale du sol ne paraît pas avoir été changée, et rien n'annonce qu'il pouvait exister alors des obstacles à ce que les eaux prissent leur niveau partout où elles pourraient pénétrer aujourd'hui, si les collines subapennines étaient submergées.

J'ai déjà fait remarquer, d'après Saussure et Brocchi,

qu'en Italie, la colline tertiaire sur laquelle est bâtie la capitale de la république de *San-Marino* est élevée de 700 mètres environ au-dessus du niveau actuel de la mer.

La ville de Turin est à. . . . .   250 mètres.
Le sol de Vienne à.   156
En ajoutant, d'une manière approximative, la hauteur des collines que j'ai observées, les couches supérieures de la formation tertiaire seraient à peine, dans le bassin de Vienne, de   220
Le col de Naurouse, qui est le point de partage des eaux du canal de Languedoc, et par conséquent le point le plus élevé entre les deux mers, est, selon M. d'Aubuisson, à.   189
La formation marine supérieure est à Montmartre, suivant MM. Cuvier et Brongniart, à.   140

Rien ne s'opposerait donc à ce qu'en France, en Italie et en Autriche, on retrouvât des dépôts analogues formés par la même mer, puisque aucun des points désignés ne pouvait être couvert sans que tous les autres ne le fussent en même temps [*]. Chaque observation nouvelle

---

[*] On pourrait objecter ici que les causes qui ont modifié le relief des Alpes depuis le dépôt des terrains tertiaires, ont dû faire varier le niveau de ceux-ci, et renverser les obstacles qui séparaient peut-être les différentes localités indiquées.

Cela eût été réellement possible ; mais, en fait, s'il est démontré que les dernières grandes dislocations du sol compris entre la partie méridionale de la France et l'Autriche ont entraîné des dérangements importants dans quelques lambeaux de sédiments tertiaires, il n'est pas moins vrai que la plus grande partie des dépôts récents, et particulièrement ceux du midi de la France, des collines subapennines et de l'Autriche, de même que ceux des côtes d'Espagne, d'Afrique, de la Morée, des îles méditerranéennes et des bassins de la Styrie, de la Hongrie, de la Valachie, etc., sont

semble même démontrer que, si les dernières révolutions que la terre a éprouvées n'ont pas été le résultat de causes aussi générales que celles qui ont donné naissance

encore dans une position relative peu différente de celles qu'ils ont dû avoir au moment de leur formation.

C'est ainsi qu'ils occupent et contournent les rivages de la mer actuelle, s'enfonçant dans les golfes, pénétrant dans les vallées, remplissant les bassins qui communiquent avec elle ; de telle manière que si le sol de notre continent restait immobile tandis que le niveau des eaux viendrait à s'élever , on verrait la plupart des terrains tertiaires récents recouverts d'abord par l'inondation.

Cette observation, que l'on peut appliquer non-seulement aux terrains tertiaires marins qui occupent au moins les trois quarts de la surface de l'Europe, mais également à ceux déjà observés dans toutes les parties de la terre, m'a conduit depuis longtemps à douter que la mise à sec de tout ces terrains pût être, comme on le dit, l'effet d'une force qui, agissant sous l'enveloppe consolidée, du globe terrestre serait parvenue à la rompre et à en redresser les parties brisées. Il me semble que, considéré dans sa généralité , le phénomène de l'émersion des couches horizontales ne peut s'expliquer que par l'abaissement des eaux ; et comme cet abaissement ne peut avoir lieu qu'autant qu'à chaque déformation du sol la somme des dépressions l'emporte sur celle des élévations produites, le redressement des strates , leurs contournements, leurs ploiements , etc. , sont des effets secondaires et de réaction d'une grande cause qui tend moins à soulever les couches extérieures de la terre qu'à les rapprocher du centre de celle-ci.

Pour essayer de me faire mieux comprendre sans entrer cependant dans des développements qui ne seraient pas ici à leur place, j'emprunterai seulement quelques phrases à un mémoire dont plusieurs circonstances ont jusqu'à présent retardé la publication : *Sur la formation des cônes volcaniques et sur celle des chaînes des montagues.* (Lu devant l'Académie des Sciences , le 7 novembre 1835.)

« . . . . . Que dans le moment actuel une cause semblable à celle qui aurait soulevé les Andes vienne à élever le fond solide de la Mer du Sud, en faisant saillir au-dessus des eaux un continent comme la Nouvelle Hollande par exemple !

« Quelle influence cet événement aurait-il sur les terres aujourd'hui découvertes dont la position ne serait pas dérangée ?

« N'est il pas évident qu'une quantité d'eau égale au volume de la base submergée du nouveau continent serait refoulée sur les plages de l'Amérique, de l'Asie et de l'Europe, qui se trouveraient submergées jus-

aux terrains primitifs et secondaires, cependant la formation des terrains tertiaires n'est pas due à des influences purement locales.

---

qu'à un certain point, proportionellement à la masse d'eau déplacée et à l'étendue des mers, mais dans tous les cas aucune de ces plages ne serait mise à sec par suite du soulèvement supposé.

« Il résulte clairement de cette première démonstration :

« 1° Que tout soulèvement absolu d'un point du sol immergé aurait pour effet d'inonder d'autres points restés fixes.

« 2° Que le soulèvement ne pourrait avoir lieu sans que les couches mises à sec ne soient brisées et redressées plus ou moins.

« 3° Que par conséquent des dépôts marins qui aujourd'hui couvrent horizontalement d'immenses surfaces continentales (*de la Perse à la Baltique et à la Mer du Nord*), qui bordent circulairement de vastes bassins (*Méditerranée, Caspienne*), qui entourent des îles (*Sardaigne, Sicile, Océanie*), ne sauraient avoir été émergés par soulèvement, mais seulement par une retraite des eaux.

« Si, d'un côté, sur tous les rivages, depuis la Nouvelle Hollande jusqu'en Sibérie, sur le trajet de tous les fleuves, à la circonférence de presque toutes les îles, on trouve des marques irrécusables du séjour et de l'action des eaux à des élévations différentes et parallèles (*Terrasses, Pholades*, etc.); si, d'une autre part, en supposant encore submergés tous les terrains tertiaires des continents actuels et en plaçant également sous les eaux tous les massifs de composition plus ancienne, mais qui, disloqués et redressés pendant et depuis le dépôt de ces terrains, constituent la plus grande partie des massifs saillants et des chaînes de montagnes du sol maintenant émergé, on vient à remarquer qu'il ne resterait plus sur les terres connues de lieu propre à l'existence des animaux et des végétaux terrestres, lacustres ou fluviatiles, dont cependant les sédiments tertiaires renferment tant de débris; alors n'est-on pas entraîné malgré soi à regarder comme indispensable, *qu'en même temps que des fonds de mer ont été mis à sec et élevés au-dessus du niveau des eaux, de plus grandes surfaces terrestres ont dû être englouties*, et cela encore avec cette condition que les dépressions produites par suite de la dislocation du sol fussent plus considérables que les élévations, car sans cela, je le répète, les parties basses de nos continents actuels n'auraient jamais été émergées et pour obtenir ce résultat il n'est certainement pas nécessaire d'avoir recours à un agent de soulèvement.

« On reviendrait donc ainsi sur cette question au point où l'avait laissée un excellent observateur et, à dire avec Deluc : *que les terres aujourd'hui habitées par les hommes n'étaient que l'ancien fond de la*

15.

Déjà l'un des auteurs de l'ouvrage qui m'a servi de guide n'a-t-il pas reconnu que les brèches osseuses de Gibraltar, dont l'existence moderne ne peut être contestée, appartiennent à un même système que celles de Nice, de la Dalmatie et des îles de l'Archipel, et qu'elles sont les effets d'une même cause ?

Dernièrement encore, dans un travail qui est une nouvelle preuve de l'utilité dont peuvent être à la Géologie les connaissances d'Anatomie comparée, M. de Blainville, en décrivant les espèces de poissons fossiles, a trouvé l'occasion de faire remarquer les rapports que certaines de ces espèces établissent entre des gisements très éloignés les uns des autres *.

---

mer, mis à sec par suite de l'affaissement et de la destruction d'anciennes terres qui s'étaient abîmées ; et cette opinion était aussi celle de Cuvier, car dans son *Discours sur les révolutions de la surface du globe*, après s'être demandé *où était donc le genre humain ?* il dit : *les pays où il vivait ont-ils été engloutis lorsque ceux qu'il habite maintenant ont été mis à sec ?*

« Avec de tels faits, avec de telles autorités n'est-il, pas permis de concevoir et de chercher à inspirer quelques doutes relativement à l'existence d'une puissance qui, agissant sous l'écorce solide du globe, parviendrait pour ainsi dire périodiquement à la fracturer violemment et à en relever les lambeaux tantôt autour d'un axe pour former des *cratères de soulèvement* et des cônes volcaniques, tantôt sur des lignes parallèles pour former des Pyrénées, des Alpes, des Andes, etc.

« Lorsque l'on aura étudié dans plus de détails et sur plus de points, et surtout sans préjugés ni hypothèses préconçues, la structure des montagnes et les phénomènes volcaniques, peut être qu'au lieu d'attribuer les aspérités de la surface terrestre à des forces incommensurables qui les auraient poussées en dehors, on reviendra à des explications toutes simples, et qu'il paraîtra plus naturel et plus vrai de considérer la sortie des granits, des porphyres, des basaltes et des laves à travers ce sol disloqué comme une suite et une conséquence de la dislocation et non comme la cause de celle-ci » (*Voyage à l'île Julia*)

* M. Beudant paraît avoir reconnu en Hongrie une formation tertiaire qu'il regarde comme analogue à celle du calcaire à cérites des environs de Paris. Les échantillons qu'il a eu la complaisance de me montrer présentent

Enfin, ces grands atterrissements qui recouvrent presque la surface de la terre ne présentent-ils pas partout les mêmes caractères? Les éléphants, les rhinocéros et les mastodontes dont les races sont perdues, n'ont-ils pas laissé leurs dépouilles sur presque tous les points du globe; et les rives de l'Ohio, comme les hauteurs des Cordillières, n'attestent-elles pas l'existence de ces grands animaux, dont l'Asie et l'Europe conservent également les débris?

Depuis la rédaction de ce mémoire, j'ai eu connaissance d'un fait très remarquable que M. Brongniart a bien voulu me communiquer à son retour d'Italie : c'est que les collines subapennines reposent en partie sur deux espèces de roches, qui ne diffèrent en rien de celles qui se voient à Vienne, au pied du Kaltemberg, et qui servent par conséquent aussi de base aux collines dont j'ai décrit la structure. Ces roches sont un psammite calcaire gris micacé, et un calcaire argileux brun qui renferme les empreintes de deux plantes marines bien distinctes.

J'ajouterai qu'au pied des Pyrénées, à Bidache, près Bayonne, on retrouve les deux mêmes roches avec les mêmes empreintes de végétaux ; et l'identité est tellement parfaite, que des échantillons recueillis à Vienne, en Italie et à Bayonne, ne diffèrent pas plus que s'ils provenaient du même lieu *.

---

effectivement à l'appui de ce rapprochement un ensemble de caractères remarquables, tandis qu'il n'établissent aucuns rapports avec les divers membres de la formation que j'ai décrite. Ce fait important annoncerait qu'en Hongrie, dont le sol est plus bas que celui de Vienne, deux formations marines très différentes seraient superposées l'une à l'autre, comme cela a lieu aux environs de Paris. J'ai même plusieurs motifs pour croire qu'au pied du Kaltemberg, auprès de Vienne, les deux formations existent. La même division pourra peut-être se faire remarquer dans les collines subapennines ? On conçoit qu'aux environs de Paris on n'aurait jamais été porté à reconnaître deux formations marines distinctes sans l'interposition locale des gypses.

* Grès vert et craie

Quoique ce fait important ne confirme pas positivement l'analogie que j'ai cru remarquer dans les terrains qui sont supérieurs à ces roches, il vient à l'appui de mon opinion, et il est au moins une preuve de plus de l'étendue que peuvent avoir certaines formations modernes.

Brocchi, dans le discours préliminaire de la *Conchyliologie subapennine*, discours si plein de faits et d'idées favorables à l'opinion que j'ai émise, qu'il m'eût fallu le citer à chaque page de la dernière partie de mon mémoire, se détermine à croire qu'au lieu de quitter brusquement les cimes des collines tertiaires de l'Italie pour se retirer dans son lit actuel, la mer s'est abaissée à plusieurs reprises, et qu'elle est restée stationnaire pendant longtemps, à divers niveaux successivement moins élevés.

A l'appui de cette opinion, on peut mettre les observations qu'il rapporte, et qui ont été faites par lui-même et par un grand nombre d'autres observateurs, parmi lesquels il cite Michieli, Baldassari, Soldani, Targioni, Breislack et Bowes, qui tous ont rencontré sur plusieurs points, plus ou moins élevés, de l'Italie et de l'Espagne, des roches solides qui ont été percées en place par des pholades ou par d'autres mollusques lithophages.

Il me reste à faire connaître un fait de même genre que j'ai recueilli dans le golfe de Vienne, et qui prouve que la mer est restée stationnaire dans ce lieu pendant longtemps et à très peu d'élévation au-dessus des collines tertiaires, c'est-à-dire à 200 mètres environ de son niveau actuel.

Auprès du village d'Hirtemberg que j'habitais, et sur la pente de la montagne qui sépare ce village de celui d'Enzelsfeld, on remarque à une certaine hauteur constante et sur une ligne de près de 200 pas de longueur, que les rochers de calcaire compacte incline sont arrondis en place et corrodés extérieurement, comme le sont ceux que battent les vagues de la mer; ils sont en même temps percés d'une multitude de trous de pholades bien caractérisés.

Ce phénomène ne se voit qu'à quelques pieds au-dessus

des dépôts tertiaires, et sur une épaisseur de 8 à 10 au plus; les rochers de même nature qui sont plus élevés sont intacts et leurs formes sont anguleuses.

M. Defrance a vu également auprès de Roquencourt, et dans un terrain qui appartient à la formation marine supérieure des environs de Paris, des fragments de rochers qui lui paraissent avoir été arrondis en place par les eaux, et dans lesquels on reconnaît des habitations de mollusques lithophages.

Je me garderai de tirer aucune conséquence particulière de ces derniers faits; peut-être qu'après avoir reconnu les hauteurs respectives de tous les points où de semblables altérations des roches en place peuvent avoir eu lieu, les géologues pourront leur donner de l'importance dans la théorie des dernières révolutions du globe terrestre.

Je me bornerai seulement à récapituler en quelques mots les conséquences qu'il m'a semblé possible de tirer des faits développés dans ce mémoire.

1° Les dernières couches de la terre qui composent les terrains tertiaires ne sont pas des dépôts partiels isolés et indépendants.

2° Celles qui ont été formées à une même époque se présentent sur des points du globe très éloignés les uns des autres, avec des caractères minéralogiques et zoologiques communs, que les influences locales n'empêchent pas d'apprécier, bien qu'elles peuvent les modifier beaucoup.

3° Celles, au contraire, qui ont été formées à des époques bien distinctes offrent dans le même lieu des différences sensibles dans l'ensemble de leurs caractères.

4° On pourrait reconnaître dans les terrains tertiaires au moins deux grandes époques de formations marines, qu'il est facile de confondre lorsqu'elles sont superposées sans intermédiaires, mais qui sont visiblement séparées aux environs de Paris par les dépôts du gypse à ossements.

5° De ces deux formations marines principales, la plus ancienne, celle qui est inférieure aux gypses à ossements, paraît être *jusqu'à présent* antérieure à l'existence des animaux mammifères terrestres, et notamment à celle des *anoplotherium* et des *palæotherium*, ce qui m'a engagé à la désigner sous le nom de formation marine *ante-palæothérienne*.

6° La plus récente est, sans contredit, postérieure à l'existence de ces mêmes animaux, puisqu'elle recouvre les dépôts gypseux qui renferment leurs dépouilles ; on peut l'appeler formation marine *post-palœothérienne*.

7° C'est à la formation post-palæothérienne que paraissent se rapporter les collines subapennines et les collines du bassin de Vienne.

8° C'est peut-être à la même formation post-palæothérienne qu'appartiennent les dépôts de coquilles marines de la côte de Nice, du Roussillon, de Dax, de Loignan, près Bordeaux, et même de la Touraine.

Extrait du rapport fait à l'Académie des Sciences, par M. ALEX. BRONGNIART, *sur le mémoire précédent.*

(11 déc. 1820.)

. . . . . . « M. Constant Prévost, après avoir circonscrit par des li-
« mites précises la contrée qu'il a étudiée et qui est en grande partie si-
« tuée dans les environs de Baden, au sud-ouest et à l'ouest de Vienne,
« fait remarquer dans cette contrée deux terrains principaux, très diffé-
« rents l'un de l'autre par leur époque de formation, et il se sert des rè-
« gles et caractères géognostiques admis, et qui dérivent de l'observation,
« pour établir ces différences, c'est-à-dire, de la nature des roches prin-
« cipales et des roches subordonnées ; du défaut de parallélisme dans la
« stratification et de la différence des minéraux et surtout des corps orga-
« nisés fossiles renfermés dans l'un et l'autre terrain. Il rapporte le ter-
« rain inférieur ou ancien, composé principalement de calcaire compacte,
« au calcaire alpin, et le poudingue qui le recouvre à cette roche qu'on
« connaît sous le nom assez bizarre de *nagelflue*, et qui est si abondante
« en Suisse ou plutôt au pied des Alpes sur, tous leurs versants. M. C.
« Prévost confirme, par son observation, que ce poudingue est supérieur
« au calcaire compacte.

« Mais comme cen'est pas dans la détermination précise de ce terrain
« que consiste l'objet et le mérite principal de son travail, nous ne dis-
« cuterons pas les analogies sur lesquelles il établit ces rapprochements ;
« il nous suffit de reconnaître avec lui que le calcaire fondamental de la
« contrée qu'il décrit est d'une époque de formation très probablement
« de beaucoup antérieure à la craie.

« C'est sur/les rapports des roches supérieures à ce calcaire avec une
« certaine partie des calcaires du centre de la France , c'est sur l'histoire
« détaillée de ce terrain , que portent principalement les recherches de
« M. C. Prévost : c'est donc à l'examen de cette partie essentielle de son
« Mémoire que les commissaires de l'Académie ont dû s'attacher plus
« particulièrement.

« Cet assemblage constant de roches et de corps organisés fossiles, for-
« més et déposés à peu près à la même époque , c'est-à-dire dans les li-
« mites d'une des grandes révolutions du globe, et qu'on nomme *terrain*
« ou *formation tertiaire*, était à peine connu il y a vingt ans. On le re-
« gardait alors comme un dépôt de transport local et très limité ; mais
« depuis qu'on l'a mieux étudié et qu'on le cherche, on le trouve aussi
« fréquemment qu'on le croyait rare autrefois. Ce terrain, qui offre aux
« géologues autant et peut-être plus de sujets d'observations, de médita-
« tions , de découvertes et même d'hypothèses qu'aucun des terrains les
« plus anciens , se trouve donc aussi en Allemagne aux environs de
« Vienne, à 3oo lieues d'ici.

« Si M. C. Prévost se fût contenté de faire connaître à l'Académie
« qu'on trouve aux confins orientaux de l'Allemagne un terrain abso-
« lument semblable à celui de la France , il eût , comme nous l'avons dit, ,
« recueilli un fait de plus pour l'histoire géognostique du globe ; mais
« en cherchant à déterminer à laquelle des divisions de ce terrain ter-
« tiaire on pouvait rapporter celui de Vienne, il a fait faire un beaucoup
« plus grand pas à la science : car, premièrement, ce qui peut paraître
« assez singulier, il nous a appris à distinguer ces divisions mieux qu'on
« ne l'avait encore fait ; et, ce qui ne paraîtra pas moins remarquable , il
« nous a mis sur la voie de déterminer avec plus de précision l'époque
« de formation du terrain tertiaire d'Italie que M. Brocchi a décrit sous
« le nom de collines subapennines.

« L'Académie, en suivant la série des recherches de M. C. Prévost ,
« a vu comment il a été conduit à ces curieux résultats , et a eu une
« nouvelle preuve qu'il ne faut dans aucune science se contenter d'ob-
« servations approximatives , mais qu'il faut pousser l'examen des choses
« qui paraissent les plus minutieuses jusque dans ses dernières limites.

« Comme c'est ici, nous le répétons , une des parties les plus impor-
« tantes du travail de M. C. Prévost, nous ne pouvons nous dispenser
« de rappeler la suite d'observations et de raisonnements qui l'ont conduit
« aux résultats qu'il a obtenus. M. C. Prévost , en remarquant dans la

« présence des marnes argileuses micacées, des calcaires grossiers et des
« sables pétris de coquilles marines, enfin des terrains d'eau douce
« superposés à ces terrains marins, les mêmes roches qu'aux environs de
« Paris, disposées dans le même ordre, en remarquant dans ces coquilles
« une grande ressemblance avec celles qu'il avait vues à Grignon et dans
« nos collections, a voulu pousser l'examen plus loin, et comparer les
« coquilles avec les nôtres, espèce à espèce.

« Lorsqu'il a fait cette comparaison, il a reconnu avec surprise qu'il
« ne pouvait pas trouver deux espèces parfaitement semblables entre les
« coquilles du calcaire grossier des environs de Paris et celles de Vienne :
« les différences étaient légères, mais il y en avait toujours quelques-
« unes.

« Ce premier résultat, qui a exigé une comparaison minutieuse
« des espèces, a porté M. C. Prévost à remarquer que les gypses que l'on
« trouvait dans les environs de Vienne n'avait aucune ressemblance
« avec celui du bassin de Paris, et par conséquent que le gypse de la
« formation tertiaire, celui que nous avons appelé gypse à ossements,
« manquait dans les terrains des environs de Vienne ; en comparant les
« marnes argileuses et les sables, il les a trouvés très différents des
« argiles plastiques inférieures à notre calcaire grossier, mais au contraire
« très semblables aux marnes et aux sables micacés qui recouvrent nos
« terrains gypseux. Il a été conduit alors à comparer de nouveau, et avec
« plus de précision qu'on ne l'avait fait, les coquilles des terrains
« marins supérieurs au gypse du bassin de Paris avec les coquilles du
« terrain marin inférieur du même bassin, et il a vu que les différences
« que M. Cuvier et moi n'avions fait qu'indiquer étaient plus constantes
« et plus générales que nous ne l'avions reconnu, par conséquent, qu'il
« y avait entre le terrain marin inférieur, et le terrain marin supérieur
« des environs de Paris des différences qui devaient faire présumer
« que ces terrains s'étaient déposés à des époques très éloignées l'une de
« l'autre ; et, en effet le temps considérable qui a dû s'écouler entre ces
« deux formations est mieux établi par la présence d'un puissant terrain
« d'eau douce qui les sépare, et qui renferme les dépouilles d'une mul-
« titude de grands animaux terrestres et aquatiques, que si on eût trouvé
« entre elles une épaisse masse de granites qui aurait pu se répandre avec
« une grande rapidité sous les eaux de la même mer, dont ces terrains
« étaient le fond, tandis qu'il faut nécessairement, comme l'observe
« M. C. Prévost, admettre une assez longue suite de siècles pour le dé-
« veloppement et la succession de plusieurs générations d'animaux, et
« pour celle des nombreuses coquilles marines, dont les diverses familles
« se sont déposées par lits successifs dans les terrains marins qui recou-
« vrent les terrains d'eau douce.

« Les différences que M. C. Prévost a remarquées entre ces deux
« terrains marins s'accordent donc bien mieux avec les principes de

« la géognosiè que la ressemblance trop complète que nous avions cru y
« trouver, il y a dix ans, parce qu'alors nous n'avions pas encore recueilli
« assez de coquilles, et que nous ne les avions pas comparées assez mi-
« nutieusement pour y reconnaître les différences plus nombreuses que
« sensibles qu'elles présentent ; ainsi les terrains tertiaires de Vienne ne
« ressemblent pas complétement à la formation marine inférieure des
« terrains tertiaires de Paris, celle-ci est beaucoup plus différente de la
« supérieure qu'on ne l'aurait cru ; les terrains de Vienne ressemblent à
« cette dernière, non-seulement par les roches, mais aussi par les seules
« coquilles qu'on ait pu clairement comparer entre elles, l'*ostrea hyp-*
« *popus*. Il est déjà très probable que les terrains tertiaires des environs
« de Vienne sont analogues à la formation marine supérieure du bassin
« de Paris.

« Mais M. C. Prévost ne s'est point contenté, pour établir cette ana-
« logie, des preuves, ou au moins des présomptions très fortes qui ré-
« sultent des faits précédents : ne pouvant le prouver par un plus grand
« nombre de comparaisons immédiates, il a cherché à y arriver par une
« autre voie, moins directe, il est vrai, mais aussi sûre, et qui lui promettait
« de nouveaux résultats ; il a établi une nouvelle comparaison, celle des
« coquilles du terrain marin de Vienne avec les collines subapennines si
« bien décrites par M. Brocchi, et il a trouvé entre elles les ressem-
« blances les plus nombreuses et les plus complètes : il a trouvé entre les
« roches et toutes les autres circonstances géognostiques des ressemblances
« non moins complètes ; il en a conclu que les terrains tertiaires de Vienne
« et les terrains tertiaires de l'Italie étaient de même formation. Nous
« avons eu d'assez nombreux moyens pour vérifier ces comparaisons, et
« nous déclarons que nous les avons trouvées exactes.

« Mais continuons de suivre M. C. Prévost dans l'enchaînement de ses
« raisonnements, pour voir comment il tirera de ce résultat une nouvelle
« preuve de l'analogie des terrains de Vienne avec la formation marine
« supérieure de Paris, ou, en termes moins généraux mais plus clairs
« pour tout le monde, avec le sommet de Montmartre.

« L'étude des coquilles des collines subapennines amène à deux résul-
« tats assez frappants.

« Le premier, c'est qu'il y a très peu de coquilles qui soient exacte-
« ment semblables à celles de Grignon, c'est-à-dire, à celles de la for-
« mation marine inférieure de Paris.

« Le second, c'est qu'un grand nombre de ces coquilles ressemblent
« exactement aux coquilles qui vivent actuellement dans la Méditerranée
« et dans la mer Adriatique.

« Or, tous les géologues conviennent que plus les terrains sont supé-
« rieurs ou nouveaux, plus les débris organiques qu'ils renferment, ont
« de ressemblance avec les êtres qui vivent actuellement à la surface de la
« terre.

« Le terrain marin supérieur au gypse du bassin de Paris étant néces-
« sairement beaucoup plus nouveau que le terrain marin inférieur, a donc
« cette importante conformité de plus avec les collines subapennines et
« avec le terrain tertiaire de Vienne.

« Cette ressemblance étant établie par deux circonstances d'un ordre
« très différent, celle de l'analogie des roches ou coquilles et celle de
« l'analogie des époques de formations ; n'étant d'ailleurs contredite
« par aucun fait important, elle nous paraît pouvoir être admise,
« sinon comme parfaitement démontrée, au moins comme extrèmement
« probable.

« Nous nous permettrons, à l'occasion de ce Mémoire, dans lequel
« des conséquences intéressantes et d'un ordre très élevé dans l'histoire
« naturelle de la terre ont été tirées d'observations en apparence si mi-
« nutieuses et si stériles, de rendre hommage aux naturalistes qui s'occu-
« pent de la détermination exacte des espèces, et de les encourager à
« poursuivre leurs travaux utiles ; on se bornait autrefois à leur accorder
« le faible mérite d'augmenter l'inventaire des richesses de la nature. Des
« savants illustres, qui cultivent des sciences dans lesquelles les grands
« résultats suivent immédiatement les recherches, avoueront qu'ils ont
« quelquefois regardé avec une sorte de dédain les naturalistes aussi
« laborieux que patients qui exerçaient leur sagacité à découvrir les dif-
« férences très faibles, en apparence, entre une multitude de plantes,
« d'insectes, de coquilles, etc. C'est cependant la connaissance précise
« de ces corps, de leurs différences, qui nous permet d'espérer qu'on
« arrivera, par leur moyen, à déterminer les différents âges des couches
« qui composent l'écorce du globe, à reconnaître aussi celles qui peuvent
« renfermer les matières premières de nos arts, à lier la formation de ces
« couches avec les plus grands phénomènes de la nature ; et les considé-
« rations les plus intéressantes, et ces hautes spéculations, ces utiles con-
« naissances, auront été amenées parce qu'on aura su distinguer le *Ceri-*
« *tium cinctum* du *Ceritium tuberculatum*, etc.

« Le résultat auquel M. C. Prévost est arrivé a été fécond en consé-
« quences, et il a tiré toutes celles qui pouvaient l'être avec justesse et
« sagesse : il a fait voir, par exemple, que beaucoup de terrains du midi de
« la France pourraient être rapportés à cette grande époque des révolutions
« du globe pendant lesquelles se sont déposés les terrains tertiaires supé-
« rieurs; que les nivellements du sol, loin de s'opposer à ces rapprochements
« établissaient, au contraire, comment la mer, élevée au niveau des ter-
« rains de Vienne, avait dû pénétrer dans les vallées, et arriver sur les
« plateaux où se trouvent les terrains analogues à ceux-ci.

« Nous ne le suivrons pas dans toutes ces conséquences, ce serait répéter
« à l'Académie ce qu'elle a déjà entendu ; il nous suffira de rappeler les
« principes que nous avions posés au commencement de ce rapport, et de
« dire à l'Académie, qu'ayant reconnu que la méthode que M. C. Prévost a

« suivie dans ses observations étant fondée sur les règles admises par les
« géologues pour déterminer les différents âges des terrains; que les faits
« que nous avons pu vérifier étant très exacts; que les conséquences
« tirées par l'auteur nous ayant paru justes, sages, intéressantes et
« neuves, nous regardons ce Mémoire comme digne de l'approbation
« de l'Académie. »

J'ai donné l'extrait précédent afin d'établir quel était l'état de la
science au moment où fut publié mon travail, et pour justifier aussi l'im-
perfection de celui-ci ; les terrains tertiaires n'avaient alors été distingués
et étudiés que dans un petit nombre de localités, et presque tous les observateurs, prenant pour guide la description nouvelle et classique des
environs de Paris; tendaient à identifier les dépôts récents qu'ils décrivaient
avec ceux déjà décrits par MM. Cuvier et Brongniart.

Brocchi avait bien remarqué que parmi le coquilles fossiles des collines subapennines il se trouvait beaucoup plus d'identiques que
parmi celles des environs de Paris, mais cette remarque ne l'avait pas
conduit à reconnaître des dépôts plus récents dans les terrains tertiaires
de l'Italie : il explique, au contraire, cette différence par celle qui existe
actuellement entre les mollusques de l'Océan et ceux de la Méditerranée.
Si la comparaison des coquilles fossiles avec celles des mollusques vivants
me fit entrevoir la nécessité de distinguer plusieurs époques dans les terrains tertiaires, je bornai mes efforts, d'une part, à faire remarquer les
analogies qui rapprochaient les dépôts coquilliers de Vienne de ceux de
l'Italie et du midi de la France; et, d'un autre côté, à faire ressortir les caractères qui distinguaient tous ces dépôts de ceux des terrains parisiens
inférieurs.

Je n'entrepris pas pour cela de faire regarder ces mêmes terrains de
Vienne et des collines subapennines comme contemporains de nos grès
marins supérieurs aussi positivement que M. Al. Brongniart crut devoir
l'admettre dans son rapport et dans la deuxième édition de la *Description
minéralogique des environs de Paris* (page 192, in-4). D'après les nouvelles observations qu'il venait de faire en Italie, j'avais dit seulement :
« S'il fallait se décider à rapporter les terrains des environs de Vienne
« et ceux d'Italie à l'une de ces deux formations des environs de Paris ;
« on conviendra que, sous beaucoup de rapports généraux, on pourrait
« leur trouver de l'analogie avec la dernière, la plus récente. » Cette
réserve de ma part avait pour motif l'idée, peu arrêtée il est vrai, qu'il
pouvait exister des dépôts marins plus nouveaux encore que tous ceux du
bassin de Paris ; j'ai exprimé cette pensée dans mon *Mémoire sur les falaises de la Normandie*, à l'occasion des *tufs* récents du Cotentin, et plus
nettement en disant, après avoir proposé une explication de la formation
des terrains parisiens : « Le bassin du nord et celui du midi seront res-
« tés longtemps encore sous les eaux marines après que le bassin de la

« Seine était devenu un lac, et dans ce dernier bassin on ne trouvera pas
« des dépôts marins aussi récents que dans les premiers; dans ceux-ci on
« pourra même observer des nuances graduées entre les dépôts anciens
« et ceux de la mer actuelle (Tours, Loignan, Anvers, et en Angleterre,
« *le crag*, etc., *Bulletin de la Société Philomatique*, Mai et Juin
« 1825). » Ces prévisions vagues ont été transformées en certitude par
les observations recueillies par M. Ch. Lyell dans ses nombreux voyages,
appuyées de la détermination et de la comparaison rigoureuse des fossiles
par M. Deshayes (*Principles of Geologie*) et par celles de M. J. Desnoyers (*Terrains tertiaires du Cotentin*, Société d'Histoire naturelle de
Paris, 1825, t. 2, et *Observations sur un ensemble de terrains marins
plus récents que ceux de la Seine*, Annales des Sciences naturelles, 1828
et 1829). Les résultats généraux introduits dans la science sur le grand
nombre de faits et de rapprochements consignés dans ces derniers travaux
n'ont été que confirmés de plus en plus par les nouveaux observateurs,
et ils sont aujourd'hui adoptés par presque tous.

Bien que les zoologistes et les géologues ne soient pas d'accord sur le
nombre de divisions à établir et sur le groupement des diverses localités
connues, ces dernières difficultés ne tiennent-elles pas à ce que l'on ne saurait distinguer encore les analogies et les dissemblances qui dépendent de
l'âge absolu des dépôts de celles qui résultent des circonstances de leur
formation? Plus le champ de l'observation s'étendra et plus on verra
sans doute s'effacer les divisions tranchées que dans une contrée circons-
crite on croit pouvoir établir au moyen de différences palæonthologiques
et des contrastes dans les superpositions; des dépôts qui peuvent se
former encore aujourd'hui on remontera peut-être à celui de la craie et
de ce dernier à celui de la houille, sans pouvoir attribuer les modifications
graduées que l'on observe dans cette longue série de terrains à des causes
et à des révolutions subites plus ou moins violentes.

On ne peut douter que des changements d'organisation et de forme
n'aient eu lieu dans la série des êtres qui ont successivement précédé
ceux qui existent maintenant; d'un autre côté, on possède les preuves
que la surface du sol a été fréquemment bouleversée par des causes in-
ternes ou extérieures; mais est-il possible de reconnaître une relation
réelle entre les deux ordres de faits, et peut on admettre que les uns
soient la conséquence des autres?

Quant à la constitution du sol des environs de Vienne en particulier,
elle était fort peu connue au moment où je me trouvais dans ce pays;
l'ouvrage de l'abbé Stutz (*Mineralogisches Taschenbuch*) pouvait seul
fournir quelques indications plutôt topographiques que géologiques sur le
gisement des diverses substances minérales et des fossiles; mais depuis
1822 d'assez nombreuses recherches ont été entreprises et publiées
sur le même même sujet, et grâce aux travaux de M. Partsch, chargé de la
carte géologique des pays autrichiens, les environs de Vienne seront
bientôt l'un des points les mieux connus de l'Europe.

J'indiquerai particulièrement les observations minéralogiques sur les environs de Vienne par M. le comte de Razoumousky, le voyage de M. Beudant, les nombreux mémoires de M. Boué et son ouvrage sur la géologie de l'Allemagne, dans lequel il a résumé ses observations sur l'Autriche (*Geognostisches gemalde von Deutschland*), et enfin le grand mémoire de MM. Segdwick et Murchison sur la structure des Alpes orientales, dans lequel se trouve un chapitre consacré à la géologie du bassin de Vienne d'après les observations de M. Partsch et d'après les leurs.

Je m'étais proposé d'abord de donner une analyse raisonnée de ces divers mémoires, dans l'intention de lier ma première ébauche aux résultats des travaux entrepris depuis; mais je dois avouer que j'ai été bientôt arrêté par la crainte de ne pouvoir le faire utilement, en m'appercevant qu'il me manquait les éléments les plus nécessaires, c'est-à-dire, de nouvelles observations pour pouvoir apprécier et discuter les opinions différentes et souvent contradictoires qui ont été successivement exprimées relativement aux mêmes points. Je me contenterai donc de donner comme correctif de mon premier travail l'énoncé des opinions auxquelles se sont arrêtés en dernier lieu MM. Segdwick, Murchison et Partsch, relativement aux terrains tertiaires du bassin de Vienne, en y ajoutant quelques réflexions.

D'après la belle carte jointe au mémoire des savants géologues anglais, on voit que ce que j'ai appelé le bassin de Vienne n'est réellement qu'une partie de celui de la Moravie; c'est plutôt, comme je l'avais au surplus fait remarquer, un golfe largement ouvert au nord-est, et que l'axe central de la chaîne des Alpes, qui s'avance jusque vis-à-vis de Presbourg, sépare une partie du vaste bassin de la Hongrie.

Il résulte de cette disposition et de la structure des Alpes, que les montagnes qui entourent et circonscrivent le golfe de Vienne n'ont pas la même composition, et qu'elles appartiennent à des terrains différents.

La branche orientale ou le *Leitha-Gebirg* est formée de schistes cristallins primaires que traversent des roches granitoïdes, tandis que la branche orientale est exclusivement composée de terrains secondaires d'autant plus anciens qu'ils sont plus rapprochés de la chaîne centrale.

MM. Segdwick et Murchison assignent au calcaire que j'ai désigné sous le nom de calcaire secondaire alpin l'âge de la grande série oolitique depuis le lias, et M. Boué paraît partager maintenant cette opinion, à l'appui de laquelle viennent les bélemnites, les térébratules, les entroques et les ammonites que j'ai recueillis auprès d'Enzelsfeld.

Les montagnes élevées qui entourent Baden et s'étendent jusqu'au fond du golfe près de la limite de la Styrie se rapportent à cette série, tandis que le *Wiener Wald*, à l'extrémité du cap qui avance jusqu'à Vienne, fait partie du système crétacé inférieur, dont une bande plus ou moins étroite suit le pied nord des Alpes depuis le Danube jusqu'au lac de Constance; j'avais été frappé de l'identité parfaite des grès à fucoïdes du Kahlemberg près de Vienne avec ceux de Bidache dans les Pyrénnées et ceux des Apennins (page 229), mais je n'avais pas reconnu leur âge.

Pour mettre en rapport mes premiers essais sur la composition des terrains tertiaires viennois avec les observations plus récentes, je ne puis mieux faire que d'emprunter à MM. Segdwick et Murchison la coupe générale qu'ils ont donnée comme étant le résultat des longues et minutieuses études de M. Partsch, résultats dont ils ont pu constater l'exactitude.

J'ai seulement dans cette coupe commencé par les assises inférieures, afin de conserver l'ordre adopté dans mon premier travail.

1º Sables blancs dont l'épaisseur est inconnue.

2º Marne bleue inférieure (*Tegel*) avec quelques fossiles, environ.   300 pieds

3º Sable jaune et grès calcaire (*Cerithium pictum*) et 2 ou 3 espèces d'huîtres.   12

4º Marne bleue supérieure (*Tegel*) avec un très grand nombre de fossiles.   40

5º Conglomérat calcaire, brèche et grès calcaire formant la base du calcaire blanc à coraux du *Leithagebirge*.   200

6º Calcaire à coraux (Leitha-Kalk), avec de grands peignes et des oursins, etc., des ossements de *tapir, mastodonte, cerf*. et autres mammifères.   150

7º Calcaire d'eau douce seulement en lambeaux détachés, avec lymnées, planorbes, hélices, etc.   140

8º Gravier et sable avec des masses subordonnées de calcaire concretionné, quelquefois oolitique. — *Mastodonte, Anthracotherium, Tapir*, etc.   70

9º *Loës* ou Limon alluvial avec coquilles terrestres d'espèces vivantes des genres *Pupa, Hélix* et *Succinea*, mêlées avec des éléphants fossiles. L'épaisseur de ce dépôt est d'environ 60 pieds, mais dans quelques localités elle est beaucoup plus considérable.   60

          1,680

Cette épaisseur totale, calculée d'après celle que peut prendre chacun des dépôts, ne se trouve réellement réalisée dans aucune coupe verticale.

Les nº 1 et 2 ne sont connus que par des percements et des excavations.

MM. Segdwick et Murchison remarquent avec raison que la plus grande parties des coquilles fossiles citées dans mon mémoire doivent être presque exclusivement rapportées aux couches nº 4, c'est-à-dire, à leur marne bleue supérieure; ces coquilles proviennent en effet, ainsi que je l'ai dit page 193, des collines qui bordent l'entrée de la vallée d'Hirthemberg, et leur gisement à la partie supérieure de ce que j'ai appelé *les marnes argileuses verdâtres* me paraît bien clairement établi.

IMP. D'HIPPOLYTE TILLIARD, RUE S.-HYACINTHE S.-MICHEL, 30